O SISTEMA TOYOTA DE PRODUÇÃO

O38s   Ohno, Taiichi.
        O sistema Toyota de produção : além da produção em larga escala / Taiichi Ohno ; tradução: Cristina Schumacher ; revisão técnica: Paulo C. D. Motta ; consultoria e supervisão técnica: José Antonio Valle Antunes Júnior. – Porto Alegre : Bookman, 1997.
        xviii, 131 p. ; 23 cm.

        ISBN 85-7307-170-2

        1. Administração de empresas – Produção – Sistema Toyota de produção. I. Título.

CDU 658.51

Catalogação na publicação: Mônica Ballejo Canto – CRB 10/1023

Taiichi Ohno

O SISTEMA TOYOTA DE PRODUÇÃO
ALÉM DA PRODUÇÃO EM LARGA ESCALA

Tradução:
Cristina Schumacher

Revisão técnica:
Paulo C. D. Motta
Economista. Mestre em Administração Pública pela New York University

Consultoria e supervisão técnica desta edição:
José Antonio Valle Antunes Júnior
*Mestre em Engenharia de Produção pela UFSC
Professor do Pós-graduação em Engenharia de Produção da UFRGS
Sócio-gerente da PRODUTTARE Consultores Associados
Coordenador do NUCTEC/PPGEP/UFRGS*

Reimpressão 2013

1997

Obra originalmente publicada sob o título
Toyota production system: beyond large-scale production

copyright © Productivity Press, 1988

Gerente editorial – CESA: *Arysinha Jacques Affonso*

Colaboraram nesta edição:

Capa: *Joaquim da Fonseca*

Leitura final desta reimpressão: *Aline Juchem*

Editoração: *Techbooks*

Reservados todos os direitos de publicação, em língua portuguesa, à
GRUPO A EDUCAÇÃO S.A.
(BOOKMAN EDITORA LTDA. é uma empresa do GRUPO A EDUCAÇÃO S.A.)
Av. Jerônimo de Ornelas, 670 – Santana
90040-340 – Porto Alegre – RS
Fone: (51) 3027-7000   Fax: (51) 3027-7070

É proibida a duplicação ou reprodução deste volume, no todo ou em parte, sob
quaisquer formas ou por quaisquer meios (eletrônico, mecânico, gravação,
fotocópia, distribuição na Web e outros), sem permissão expressa da Editora.

Unidade São Paulo
Av. Embaixador Macedo Soares, 10.735 – Pavilhão 5 – Cond. Espace Center
Vila Anastácio – 05095-035 – São Paulo – SP
Fone: (11) 3665-1100   Fax: (11) 3667-1333

SAC 0800 703-3444 – www.grupoa.com.br

IMPRESSO NO BRASIL
PRINTED IN BRAZIL

Apresentação à Edição Brasileira

A indústria brasileira vive, há algum tempo, um processo de revolução nos parâmetros que definem o ambiente que opera. Os ingredientes são reconhecidos – a abertura às importações; a passagem da superinflação para a recessão do início dos anos 90, e, na sequência, as oscilações associadas à estabilização da moeda; a retomada de investimentos diretos nacionais e transnacionais na produção; entre outros – e impactam de forma diferenciada os diversos setores.

Dentre as estratégias de ajuste ao nível da produção, o binômio TQC/ JIT (Controle de Qualidade Total/*just-in-time)* tem se mostrado o mais enfatizado dos modelos de referência na indústria de bens discretos. Só isso justificaria traduzir, para o público brasileiro, as considerações do condutor do processo de formação do Sistema Toyota de Produção, o hoje lendário Taiichi Ohno, sobre sua obra.

O sistema JIT não é mais do que a tradução estilizada de um conjunto de políticas-padrão das práticas desenvolvidas pela Toyota desde a década de 40, práticas essas tão bem-sucedidas que permitiram à Toyota escapar da crise que assolou a economia japonesa em 1973, com o choque do petróleo, passando a ser utilizadas por diversas firmas nipônicas. Estas, por sua vez, vieram a surpreender o Ocidente ao final da década de 70 e início da década de 80 justamente pelas vantagens competitivas que o JIT lhes proporcionava. As empresas americanas e europeias se dedicaram, assim, a entendê-lo, desenvolvendo e implementando suas versões do sistema. A difusão então rápida e abrangente, chega ao Brasil em meio à década de 80, e ganha força de movimento generalizado durante os ajustes de 1994.

De fato, se o JIT pode ser entendido como um "pacote de políticas e técnicas", então cabe àqueles responsáveis por sua implementação desvendar a lógica subjacente ao sistema produtivo real que lhe serviu de base. Por isso, partilhar das reflexões de Ohno e entender suas motivações e observações, ilumina não só o sentido do que já foi feito, como também permite imaginar o que ainda deve ser feito. Trata-se, portanto, de entender o método que preside as decisões de Ohno, diante da realidade com a qual a Toyota tinha de lidar.

E, aqui, a obra se mostra mais vital do que a impressão pode sugerir. Se há uma grande proposta nas palavras de Ohno, esta não é "apliquem o que fiz", mas, sim, seu perene refrão de que é preciso "criatividade diante da necessidade". Não aceitar passivamente o que está escrito no "Manual", aquilo que deu certo em outros lugares, em outras circunstâncias. Não. Mas, sim, entender porque deu certo, quais os princípios e as técnicas pertinentes e como eles podem servir para resolver a situação concreta em que o sistema produtivo está metido, bem como usar a inteligência, o estudo e o trabalho duro – com erros, acertos, aprendizado – para desenvolver possibilidades que enfrentem e superem as adversidades.

As considerações do Mestre, portanto, orientam para uma ampliação de horizontes, um ir além do JIT em si. Exemplo importante dessa "flexibilidade mental" está na atual disponibilidade de tecnologias de base digital de baixo custo, descentralizadas e de alta confiabilidade. Inexistentes na época de Ohno – de quem, aliás, dizia-se ter aversão a computadores (em sua época, mainframes) para gestão da produção – tais tecnologias possibilitam hoje alternativas de solução técnica de alto impacto no desempenho operacional. Por outro lado, os meios de transporte e sua gestão vêm barateando o acesso às redes de fornecimento e distribuição de produto em todo o planeta. Cabe, portanto, perguntar o que faria Ohno diante do contexto brasileiro com tais possibilidades tecnológias e logísticas.

O alcance de suas ideias não se limita à indústria. Quando se fala no aumento da produtividade dos setores de serviços, é inevitável lembrar de Ohno e de seus bem-sucedidos esforços de inovação operacional. De fato, qualquer gerente imerso na tarefa de repensar seus processos de negócio terá em Ohno um interlocutor incomum, relevante e experiente.

Como já se disse alhures, o Sistema Toyota de Produção é história, já mudou o mundo. Talvez o livro de Ohno pareça parte desse passado, editado pela primeira vez em 1978, no Japão, mas, sem dúvida, as lições que deduz de sua vida na Toyota, as memórias de seu aprendizado e suas observações sobre os princípios básicos da produção industrial pemanecem relevantes e nos animam a continuar na jornada de criar uma indústria competitiva, um país renovado e uma sociedade melhor e mais produtiva.

PRODUTTARE Consultores Associados
Núcleo Tecnológico (NUCTEO/PPGEP/UFRGS)
Grupo de Produção Integrada (GPI/COPPE/UFRGS)

Apresentação da Edição Inglesa

O Sistema Toyota de Produção, sob o nome de *Kanban* ou de sistema *just--in-time*, se tornou o tópico de muitas conversas em locais de trabalho e em escritórios. Ele tem sido estudado e introduzido independentemente do tipo de indústria, da escala e mesmo das fronteiras nacionais, realmente o que é uma ocorrência feliz.

O Sistema Toyota de Produção evoluiu a partir da necessidade, uma vez que certas restrições no mercado exigiram a produção de pequenas quantidades de muitas variedades sob condições de baixa demanda, um destino que a indústria japonesa enfrentou no período do pós-guerra. Essas restrições serviram como um critério para testar se os fabricantes de carros japoneses poderiam se estabelecer e sobreviver competindo com os sistemas de produção e de vendas em massa, já estabelecidos na Europa e nos Estados Unidos.

O objetivo mais importante do Sistema Toyota tem sido aumentar a eficiência da produção pela eliminação consistente e completa de desperdícios. Esse conceito bem como o respeito para com a humanidade, os quais têm sido passados desde o venerável Toyoda Sakichi (1867-1930), fundador da empresa e mestre de invenções, até seu filho Toyoda Kiichirõ (1894-1952), primeiro presidente da Toyota e pai do carro de passageiros japonês, são os fundamentos do Sistema Toyota de Produção.

Esse sistema, por sua vez, foi concebido e implementado logo após a Segunda Guerra Mundial, ainda que não tivesse atraído a atenção da indústria japonesa até a primeira crise do petróleo no outono de 1973. Os gerentes japoneses, acostumados à inflação e às altas taxas de crescimento, se viram subitamente confrontados com o crescimento zero e forçados a lidar com decréscimos de produção. Foi durante essa emergência econômica que eles notaram, pela primeira vez, os resultados que a Toyota estava conseguindo com a sua implacável perseguição à eliminação do desperdício. Eles começaram a enfrentar o problema de introduzir o sistema nos seus próprios locais de trabalho.

O mundo havia mudado, de uma época em que a indústria podia vender tudo que produzisse para uma sociedade afluente em que as necessidades materiais são satisfeitas rotineiramente. Os valores sociais também mudaram. Hoje, não podemos vender nossos produtos a não ser que nos coloquemos dentro dos corações dos nossos consumidores, uma vez que cada um tem conceitos e gostos diferentes. Hoje, o mundo industrial foi forçado a dominar de verdade o sistema de produção multitipo, em pequenas quantidades.

O conceito inicial do Sistema Toyota de Produção, como eu tenho enfatizado, foi baseado na completa eliminação do desperdício. De fato, quanto mais perto chegamos desse objetivo, mais clara fica a visão de seres humanos individuais com personalidades distintas, pois não existe substância real nessa massa abstrata que chamamos de "o público". Assim, descobrimos que a indústria tem que aceitar os pedidos de cada consumidor e fazer produtos de acordo com as exigências individuais.

Todos os tipos de desperdício ocorrem quando tentamos produzir o mesmo produto em quantidades grandes, homogêneas e, no fim, os custos se elevam. É muito mais econômico produzir cada item de cada vez, sendo este o método do Sistema Toyota de Produção e, o segundo, do Sistema Ford.

Não tenho a intenção de criticar Henry Ford (1863-1947); ao contrário, sou crítico dos sucessores de Ford, que têm sofrido de excessiva dependência da autoridade do Sistema Ford precisamente porque ele tem sido tão poderoso e tem criado tantas maravilhas em termos de produtividade industrial. Entretanto, os tempos mudam. Os fabricantes e os locais de trabalho não podem mais basear a produção somente no planejamento de escrivaninha e depois distribuir, ou "empurrar", seus produtos no mercado. Para os consumidores, ou usuários, cada um com um sistema de valores diferente, tornou-se um hábito ficar na linha de frente do mercado e, por assim dizer, designar as mercadorias de que eles necessitam, na quantidade e no momento em que precisam delas.

O Sistema Toyota de Produção, entretanto, não é apenas um sistema de produção. Estou confiante de que ele revela sua força como um sistema gerencial adaptado à era atual de mercados globais e de sistemas computadorizados de informações de alto nível.

Por fim, apreciaria receber críticas, correções e opiniões francas dos meus leitores.

Taiichi Ohno

Prefácio

Assim como reconhecemos a grandeza do Sr. Shigeo Shingo, também reconhecemos o gênio do Sr. Taiichi Ohno. Foi o Sr. Ohno que deveria receber o crédito de ter criado o Sistema Toyota de Produção *just-in-time*.

Encontrei-me com o Sr. Ohno, no Japão, na Toyoda Gōsei, onde ele assumiu a presidência depois de se aposentar da Toyota Motors. A Toyoda Gōsei é uma subcontratante da Toyota que fabrica rodas de direção, peças de carros, como tubulações de borracha, painéis de plástico e outros materiais.

No nosso último encontro, perguntei a ele onde a Toyota estava hoje no processo de melhoria. Agora, a empresa deve ter reduzido todo o estoque de material semiacabado – baixando o nível da água do rio para expor todas as pedras, possibilitando a eles reduzir todos os problemas.

"O que a Toyota está fazendo agora?", perguntei.

A resposta dele foi muito simples.

"Tudo o que estamos fazendo é olhar a linha do tempo", disse ele, "do momento em que o freguês nos entrega um pedido até o ponto em que recebemos o dinheiro. E estamos reduzindo essa linha do tempo removendo os desperdícios que não agregam valor."

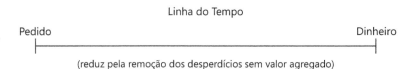

Simples, mas brilhante. Isto dá um foco bastante nítido da melhoria continuada. Enquanto nós, aqui no Ocidente, procuraríamos imediatamente algum milagre automático, como a Manufatura Integrada por Computador (*Computer Integrated Manufacturing* – CIM), a robótica ou as técnicas avançadas de fabricação, os japoneses estão simplesmente reduzindo desperdícios. É claro que alguns desperdícios podem ser removidos pela aquisição de novos equipamentos, mas isso deve ser feito por último – não primeiro.

PREFÁCIO

Não existe nada muito complexo na mágica dos ensinamentos do Sr. Ohno. Na realidade, muitas vezes causa confusão ouvi-lo, porque ele fala tão simples, dizendo apenas para procurar e eliminar o desperdício. Podemos não acreditar que isso seja tão simples, mas é a verdade. Basicamente reduzir a linha do tempo pela eliminação de quaisquer desperdícios.

A singela história que o Sr. Ohno nos conta no livro é brilhante e deveria ser lida por gerentes em todos os lugares. Não é apenas uma história sobre produção, é uma história sobre como dirigir uma empresa com muito sucesso. O Sr. Ohno voltou no tempo e reviu como Henry Ford dirigia a sua empresa, este que foi capaz de extrair minério de ferro numa segunda-feira e, usando daquele mesmo minério de ferro, produzir um carro saindo da linha de produção na quinta-feira à tarde.

Henry Ford também se concentrou na eliminação total de desperdícios sem valor adicionado. O Sr. Ohno simplesmente atualizou Henry Ford, fazendo com que reduzisse os tempos de troca de ferramentas, com a ajuda do Sr. Shingo, de dias e horas para minutos e segundos e eliminasse as classificações de cargos para dar mais flexibilidade aos trabalhadores.

Nos últimos dez anos, visitei centenas de fábricas no Japão e nos Estados Unidos e nunca vi um trabalhador japonês simplesmente olhando para uma máquina, enquanto nos Estados Unidos constatasse o contrário – nunca visitei uma fábrica americana sem ver um trabalhador apenas olhando para a máquina. Nunca vou esquecer de ter caminhado por uma fábrica de cabos de fibra ótica e ver um jovem apenas olhando para uma máquina de extrusão de vidro. Tudo o que ele fazia era olhar o vidro e os mostradores, esperando que o vidro quebrasse ou ficasse fora da tolerância. Não podia acreditar no desperdício e na falta de respeito da gerência com aquele ser humano, pois produzir deve ser duplamente eficiente e ter também respeito pela pessoa que opera a máquina.

O mundo deve muito ao Sr. Taiichi Ohno. Ele nos mostrou como produzir com mais eficiência, como reduzir custos e produzir com mais qualidade, e também a olhar criticamente como nós, enquanto pessoas, trabalhamos numa fábrica.

Uma fábrica japonesa está longe de ser perfeita. As fábricas da Toyota, pelo menos as que visitei, são sujas, mais do que muitas das fábricas americanas. Mas, em contrapartida, uma mudança está acontecendo. O respeito pela humanidade no processo de produção está se tornando uma realidade e o Sr. Ohno é um dos líderes mundiais nesta área.

Enquanto a maioria das empresas se concentrava em estimular salários, o Sr. Ohno acreditou que o *just-in-time* era uma vantagem de produção para a Toyota. E, durante muitos anos, ele não permitiu que qualquer coisa a esse respeito fosse registrada, argumentando que a melhoria é sempre um processo inacabado, e que se ele o colocasse por escrito, o processo ficaria cristalizado. Mas, penso que ele também tinha medo de que os americanos descobrissem essa poderosa ferramenta e a usassem contra os japoneses.

O just-in-time é muito mais do que um sistema de redução de estoques e muito mais do que a redução dos tempos de troca de ferramentas. É muito mais do que usar *Kanban ou jidoka* e muito mais do que modernizar a fábrica. Ele é, num certo sentido, o que o Sr. Ohno diz: *fazer uma fábrica funcionar para a empresa exatamente como o corpo humano funciona para o indivíduo.* O sistema nervoso autonômico responde mesmo quando estamos dormindo. O corpo humano funciona saudavelmente quando é cuidado, alimentado e embebido adequadamente, exercitado com frequência e tratado com respeito.

É só quando surge um problema que nos tornamos conscientes do nosso corpo, quando respondemos fazendo as correções. O mesmo acontece numa fábrica: deveríamos ter um sistema que respondesse automaticamente quando ocorressem problemas.

Enfim, todos vocês deveriam aproveitar para passar alguns momentos com o Sr. Ohno e pensar sobre como podem melhorar suas fábricas e umas as outras, melhorar vocês mesmos e ajudar a fazer um mundo melhor para todos nós.

Sinto-me extremamente gratificado por ter sido capaz, como uma empresa, de trazer para o leitor de língua inglesa o livro clássico do Sr. Ohno sobre o Sistema Toyota de Produção. Quero agradecer as contribuições do Sr. Yuzuru Kawashima, proprietário, do Sr. Katsuyoshi Saito, gerente-geral, da Diamond Inc. e da editora do original japonês por ter nos repassado os direitos de traduzir e publicar este trabalho.

Agradeço também aqueles que ajudaram a criar esta versão em inglês – a editora do livro, Cheryl Berling Rosen; Connie Dyer, que esclareceu inúmeras questões de conteúdo; Andrew P. Dillon, que esclareceu inúmeras questões de tradução; Patricia Slote e Esmé McTighe, coordenadores de produção; Bill Stanton, projetista do livro e da capa; e, por último mas não menos importante, o pessoal da Rudra Press, nossos amigos de fé, tipógrafos e artistas.

Finalmente, quero expressar minha dívida para com o autor, que inspirou tantos de nós na nossa busca por melhorar a qualidade e a produtividade do local de trabalho dos dias atuais.

Norman Bodek
Presidente
Productivity, Inc.

Sumário

Introdução xix

1

Começando da necessidade 1

A crise do petróleo abriu nossos olhos 1
O crescimento econômico lento amedronta 2
"Alcançar os Estados Unidos" 2
Just-in-time 3
Usando uma ideia de bom senso 4
Dar inteligência à máquina 5
O poder da habilidade individual e do trabalho em equipe 6
A redução de custos é o objetivo 7
A ilusão da indústria japonesa 8
Estabelecendo a sincronia da produção 9
Sincronização da produção 10
No começo, havia necessidade 11
É indispensável uma revolução na consciência 13

2

Evolução do Sistema Toyota de Produção 15

Repetindo cinco vezes *por quê* 15
Análise total do desperdício 16
Meu princípio da fábrica em primeiro lugar 18
Escrevendo você mesmo a folha de trabalho padrão 18
O trabalho em equipe é tudo 20
A habilidade de passar o bastão 22
Uma ideia de um supermercado americano 22
O que é *Kanban*? 24
O uso incorreto causa problemas 25

xiv | SUMÁRIO

O talento e a coragem para repensar o que
  chamamos de bom senso...27
Estabelecer a sincronização é a condição básica............................29
Use sua autoridade para encorajá-los 30
As montanhas devem ser baixas e os vales devem ser rasos.........32
Desafio ao nivelamento da produção 33
Nivelamento da produção e diversificação do mercado 34
O *Kanban* acelera as melhorias 35
Carrinhos de transporte como *Kanban* 37
A natureza elástica do *Kanban* 38

3

Desenvolvimento ulterior 41
Um sistema nervoso autonômico na organização empresarial.........41
Forneça a informação necessária quando for necessário 43
O sistema de informação estilo Toyota.. 44
Ajuste fino 46
Enfrentando mudanças 47
O que é uma verdadeira economia 47
Reexaminando os erros do desperdício...49
Gerar capacidades em excesso..50
O valor de compreender...51
Utilizando o sistema de trabalho total 53
Não faça uma demonstração falsa 54
As quantidades são importantíssimas 55
A tartaruga e a lebre 56
Cuide bem dos equipamentos antigos..57
Olhe diretamente para a realidade..58
0,1 operário ainda é um operário..60
Gerenciamento por *ninjutsu*...61
Em uma forma de arte, a ação é necessária 63
Defendendo uma engenharia de produção (EP)
  geradora de lucro.. 64
Sobrevivendo à economia de crescimento econômico lento.........65

4

Genealogia do Sistema Toyota de Produção...................... 67
Um mundo global ao nosso redor...67
Dois personagens extraordinários 69

Aprendendo a partir do espírito inquebrantável 70
O Toyotismo com uma natureza científica e racional.....................71
Provenha bons equipamentos mesmo que a fábrica seja simples............73
Busca de uma técnica de produção no estilo japonês 74
Fazendo produtos que têm valor 76
A visão de um jogador de xadrez..77
Na busca por algo japonês 78
Testemunhando uma evolução dialética 80

5

A verdadeira intenção do Sistema Ford 83
O Sistema Ford e o Sistema Toyota 83
Produção em pequenos lotes e troca rápida de ferramentas 85
A visão de futuro de Henry Ford 86
Padrões são algo a ser estabelecido por você mesmo.......................88
A prevenção é melhor do que a cura...90
Há um Ford depois de Ford?...91
Concepção inversa e espírito empresarial..93
Afastando-se da quantidade e da velocidade 95

6

Sobrevivendo ao período de crescimento
econômico lento...99
O sistema surgido no período de alto crescimento...........................99
Aumentando a produtividade durante o período de
crescimento econômico lento 101
Aprendendo com a flexibilidade dos antepassados........................ 103

Pós-escrito da edição original japonesa... 105

Glossário dos principais termos 107

Notas.. 117

Sobre o autor... 121

Nota sobre os nomes japoneses... 123

Índice 125

Introdução

Em países ao redor do mundo, pessoas estão estudando métodos de produção. No Japão, o Sistema Toyota de Produção foi desenvolvido há aproximadamente uns trinta anos pelo Sr. Taiichi Ohno, atualmente vice-presidente da Toyota Motor Company, autor deste método revolucionário que hoje está mostrando tremendos resultados e que, sem dúvida, continuará a evoluir no futuro.

O sistema de produção de passos múltiplos, característico de muitos sistemas de produção, envolve métodos de empurrar e de puxar. No método de empurrar, utilizado amplamente nas indústrias, a quantidade planejada de produção é determinada pelas previsões de demanda e pelos estoques disponíveis; períodos sucessivos de produção são determinados a partir de informações padronizadas, preparadas em determinadas ocasiões para cada passo; o produto é então produzido sequencialmente desde o passo um. No sistema puxado, o processo final retira as quantidades necessárias do processo precedente num determinado momento, e este procedimento é repetido na ordem inversa passando por todos os processos anteriores. Cada método tem méritos e fraquezas. Escolher um e aplicá-lo efetivamente depende da filosofia e da criatividade prática de gerentes e de supervisores.

O Sistema Toyota de Produção é um sistema puxado. Para compreender o seu tremendo sucesso, é preciso se apropriar de sua filosofia sem ser desviado por aspectos particulares do sistema como o *Kanban*. *Kanban* consiste em instruções colocadas num plástico transparente que, num olhar rápido, comunicam as informações necessárias à estação de trabalho. Entretanto, se o sistema *Kanban* for introduzido sem fazer parte de uma filosofia total, provavelmente surgirão problemas. O sistema não foi criado da noite para o dia, mas através de uma série de inovações – um método desenvolvido durante 30 anos para aumentar a eficiência global e melhorar o ambiente de trabalho.

Por essa razão, penso que é para o benefício do mundo industrial que o Sr. Ohno, o maior responsável pelo Sistema Toyota de Produção, escreveu este livro a fim de descrever sua filosofia e suas ideias de reforma. O Sr. Ohno é um homem determinado, com habilidades muito especiais, que o levou desafiar conceitos existentes e a ser capaz de conceber e de aplicar melhorias que são concomitantemente precisas e rápidas. São raras as pessoas que podem fazer isso, e eu tenho aprendido muito por observá-lo e por ouvir as suas teorias.

As teorias sozinhas, entretanto, não podem melhorar a qualidade de uma empresa ou aumentar a produtividade. Sendo assim, recomendo este livro não apenas para aqueles associados com a produção e a manufatura, mas para todos os gerentes ou supervisores. Ler este livro e depois usar a criatividade e a imaginação para aplicar as teorias devem resultar em melhorias mesmo em empresas diferentes da Toyota.

Muramatsu Rintarõ
Faculdade de Ciência e Engenharia
Universidade de Waseda

1

Começando da necessidade

A crise do petróleo abriu nossos olhos

A crise do petróleo no outono de 1973, seguida da recessão, afetou governos, empresas e sociedades no mundo inteiro. Em 1974, a economia japonesa havia caído para um nível de crescimento zero e muitas empresas estavam com problemas.

Mas na Toyota Motor Company, embora os lucros tenham diminuído, ganhos maiores do que os de outras empresas foram mantidos em 1975, 1976 e 1977. A diferença cada vez mais maior entre ela e outras companhias fez com que as pessoas perguntassem sobre o que estaria acontecendo na Toyota.

Antes da crise do petróleo, quando conversava com as pessoas sobre a tecnologia de fabricação e o sistema de produção da Toyota, as pessoas demonstraram pouco interesse pelo tema. Contudo, quando o rápido crescimento parou, tornou-se bastante óbvio que uma empresa não poderia ser lucrativa usando o sistema convencional de produção em massa americano que havia funcionado tão bem por tanto tempo.

Os tempos haviam mudado. Inicialmente, logo após a Segunda Guerra Mundial, ninguém imaginava que o número de carros produzidos cresceria para o nível de hoje. Durante décadas, os Estados Unidos baixaram custos produzindo em massa um menor número de tipos de carros. Era um estilo de trabalho americano, mas não japonês. Nosso problema era como cortar custos e, ao mesmo tempo, produzir pequenas quantidades de muitos tipos de carros.

Depois, durante o período de quinze anos iniciado em 1959-1960, o Japão vivenciou um crescimento econômico com rapidez incomum. Como resultado, a produção em massa, ao estilo americano, era ainda usada com sucesso em muitas áreas.

Nós, porém, continuávamos a lembrar a nós mesmos que a imitação descuidada do sistema americano poderia ser perigosa. Produzir muitos modelos em pequenas quantidades e a custos baixos não seria algo que poderíamos desenvolver? Logo, continuávamos pensando que um sistema de produção japonês como esse poderia superar o sistema de produção em massa convencional. Assim, o principal objetivo do Sistema Toyota de Produção foi produzir uma grande variedade de modelos em pequenas quantidades.

O crescimento econômico lento amedronta

Nos períodos de alto crescimento anteriores à crise do petróleo, o ciclo usual de negócios consistia em dois ou três anos de prosperidade com, no máximo, seis meses de recessão, sendo que às vezes, a prosperidade durava mais de três anos.

O crescimento lento, no entanto, reverteu esse ciclo. Uma taxa de crescimento econômico anual de 6 a 10% dura no máximo de seis meses a um ano, ocorrendo nos dois ou três anos seguintes pouco ou nenhum crescimento, ou até mesmo um crescimento negativo.

De um modo geral, a indústria japonesa acostumou-se à uma era em que "se você produzir, você poderá vender", e a indústria automotiva não é exceção. Temo que por causa disso muitos gerentes objetivem apenas quantidade.

Na indústria automotiva, a curva de Maxcy-Silberston[i] tem sido usada com frequência. De acordo com esse princípio de produção em massa, embora haja limites para a amplitude de redução de custos, o custo de um automóvel diminui drasticamente em proporção ao aumento das quantidades produzidas. Isto foi inteiramente comprovado na era de crescimento elevado e esse princípio ficou gravado na mente das pessoas da indústria automotiva.

Mas, na atual era de crescimento lento, devemos minimizar o quanto antes os méritos da produção em massa. Hoje, um sistema de produção que busque o aumento do tamanho dos lotes (por ex., operar uma prensa de matriz para prensar tantas unidades quantas forem possíveis num dado período de tempo) não é prático. Além de produzir todo tipo de desperdício, um sistema de produção assim não é mais adequado às nossas necessidades.

"Alcançar os Estados Unidos"

Imitar os Estados Unidos não é sempre ruim. Aprendemos muito com o império americano de automóveis. Os Estados Unidos geravam maravilhosas técnicas gerenciais, tais como controle de qualidade (CQ) e controle de qua-

Capítulo 1 • Começando da necessidade | **3**

lidade total (CQT) e métodos de engenharia industrial (EI). O Japão importou essas ideias e as colocou em prática, por isso, os japoneses nunca deveriam esquecer que essas técnicas nasceram nos Estados Unidos e foram geradas por esforços americanos.

Foi em 15 de agosto de 1945 que o Japão perdeu a guerra; data que marcou também um novo começo para a Toyota. Toyoda Kiichirō (1894-1952), então presidente da Toyota Motor Company,[2] disse: "Alcancemos os Estados Unidos em três anos. Caso contrário, a indústria automobilística do Japão não sobreviverá." Para realizar essa missão, tínhamos que conhecer os Estados Unidos e aprender os métodos americanos.

Em 1937, eu estava trabalhando na unidade de tecelagem da *Toyoda Spinning* e *Weaving*. Certa vez, ouvi um homem dizer que um trabalhador alemão poderia produzir três vezes mais do que um trabalhador japonês. A razão entre trabalhadores alemães e americanos era de 1 para 3. Isso fez com que a razão entre as forças de trabalho americana e japonesa fosse de 1 para 9. E ainda lembro a minha surpresa ao ouvir que eram precisos nove japoneses para fazer o trabalho de um americano.

A produtividade japonesa teria tido algum crescimento durante a guerra? O presidente Toyoda dizia que deveríamos alcançar os Estados Unidos em três anos, mas seria muito difícil aumentar a produtividade em oito ou nove vezes em tal período de tempo. Isso significava que um trabalho que então estivesse sendo feito por 100 trabalhadores teria que ser feito por 10.

Além do mais, o dado de um oitavo ou um nono era um valor médio. Se comparássemos a indústria automotiva, uma das mais avançadas nos Estados Unidos, a razão teria sido muito diferente. Mas será que um americano poderia realmente exercer dez vezes mais esforço físico? Por certo, os japoneses estavam desperdiçando alguma coisa. Se pudéssemos eliminar o desperdício, a produtividade deveria decuplicar. Foi essa ideia que marcou o início do atual Sistema Toyota de Produção.

Just-in-time

A base do Sistema Toyota de Produção é a absoluta eliminação do desperdício. Os dois pilares necessários à sustentação do sistema são:

- *Just-in-time* e
- *Autonomação,* ou automação com um toque humano.

Just-in-time significa que, em um processo de fluxo, as partes corretas necessárias à montagem alcançam a linha de montagem no momento em que são necessários e somente na quantidade necessária. Uma empresa que estabeleça esse fluxo integralmente pode chegar ao estoque zero.

Do ponto de vista da gestão da produção, esse é um estado ideal. Entretanto, em um produto feito com milhares de componentes, como o automóvel, o número de processos envolvidos é enorme. Obviamente, é muito difícil aplicar o *just-in-time* ao plano de produção de todos os processos de forma ordenada.

Uma falha na previsão, um erro no preenchimento de formulários, produtos defeituosos e refeitos, problemas com o equipamento, absenteísmo – os problemas são incontáveis. Um problema no início do processo resulta sempre em um produto defeituoso no final do processo, e isso irá parar a linha de produção ou alterar um plano, independentemente da sua vontade.

Ao desconsiderar tais situações e considerar apenas o plano de produção para cada processo, produziríamos as partes sem preocupação com os processos seguintes. Teríamos desperdício como resultado – componentes defeituosos, de um lado; imensos estoques de componentes desnecessários, de outro, o que reduz tanto a produtividade quanto a lucratividade.

Pior ainda, não haveria distinção entre estados normal e anormal em cada linha de montagem. Quando há um atraso na retificação de um estado anormal, muitos trabalhadores acabam fazendo muitos componentes, uma situação que não é rapidamente corrigida.

Portanto, para produzir usando o *just-in-time*, de forma que cada processo receba o item exato necessário, quando for necessário e na quantidade necessária, os métodos convencionais de gestão não funcionam bem.

Usando uma ideia de bom senso

Gosto de pensar repetidas vezes sobre um problema. Fiquei pensando sobre como fornecer o número de peças necessárias no momento certo. O fluxo de produção é a transferência de materiais, já o modo convencional era fornecer materiais de um processo inicial para um processo final. Assim, tentei pensar sobre a transferência de materiais na direção inversa.

Na produção automotiva, o material é transformado em componente, o componente é então montado com outros numa unidade, e isso flui na direção da linha de montagem final. O material avança dos processos iniciais para os finais, formando o corpo do carro.

Olhemos agora para esse fluxo de produção na ordem inversa: um processo final vai para um processo inicial para pegar apenas o componente exigido na quantidade necessária no exato momento necessário. Nesse caso, não seria lógico para o processo anterior fazer somente o número de componentes retirados? No que tange à comunicação entre os muitos processos, não seria suficiente indicar claramente o que e quanto é preciso?

Chamaremos quadro de sinalização este meio de indicar as necessidades de *Kanban* e o faremos circular entre cada um dos processos para controlar a quantidade produzida – ou seja, a quantidade necessária.

Esse foi o início da ideia.

Experimentamos e, finalmente, decidimos por um sistema. O fim da linha de montagem é tomado como o ponto inicial. Baseado nisto, o plano de produção, indicando os tipos de carros desejados com a quantidade e a data em que deverão estar prontos, vai para o final da linha de montagem. Desse modo, o método de transferência de materiais é invertido. Para fornecer os componentes usados na montagem, um processo final vai para um processo inicial para retirar apenas o número de peças necessárias, quando elas são necessárias. Nessa forma reversa, o processo de fabricação vai do produto acabado de volta para o departamento onde teve início a montagem dos materiais. Cada elo na corrente *just-in-time* está conectado e sincronizado. Por essa razão, os níveis gerenciais são também drasticamente reduzidos. O *Kanban* é o meio usado para transmitir informação sobre apanhar ou receber a ordem de produção.

O *Kanban* será descrito detalhadamente mais tarde. Aqui, desejo que o leitor compreenda a postura básica do Sistema Toyota de Produção, sustentado pelo sistema *just-in-time*, já discutido, e pela autonomação, descrita a seguir. O método *Kanban* é enfim, o meio pelo qual o Sistema Toyota de Produção flui suavemente.

Dar inteligência à máquina

A outra base do Sistema Toyota de Produção é denominado de autonomação, que não deve ser confundido com a simples automação. Ela é conhecida também como automação com um toque humano.

Muitas máquinas funcionam sozinhas, uma vez que estejam ligadas. Mas, as máquinas de hoje possuem uma tal capacidade de desempenho que pequenas anormalidades, como a queda de um fragmento qualquer em seu interior, podem, de alguma forma, danificá-la, como é o caso das matrizes ou os encaixes quebrarem, por exemplo. Quando isso ocorre, dezenas e, em seguida, centenas de componentes defeituosos são produzidos e logo se acumulam. Com uma máquina automatizada desse tipo, a produção em massa de produtos defeituosos não pode ser evitada, porque não existe qualquer sistema de conferência automática embutido para sanar tais contratempos.

É por isso que a Toyota dá ênfase à autonomação – máquinas que podem evitar tais problemas "autonomamente" – e não à simples automação. A ideia surgiu com a invenção de uma máquina de tecer autoativada por Toyoda Sakichi (1967-1930), fundador da Toyota Motor Company.

6 | SISTEMA TOYOTA DE PRODUÇÃO

O tear parava instantaneamente se qualquer um dos fios da urdidura ou da trama se rompesse. Porque um dispositivo que podia distinguir entre condições normais e anormais foi inserido na máquina, produtos defeituosos não eram produzidos.

Na Toyota, uma máquina automatizada com um toque humano é aquela que está acoplada a um dispositivo de parada automática. Em todas as fábricas da Toyota, a maioria das máquinas, novas ou velhas, está equipada com esses dispositivos, bem como com vários outros, de segurança, parada de posição fixa, sistema de trabalho completo e sistemas *bakayoke* à prova de erros para impedir produtos defeituosos (veja o glossário para mais explicações). Dessa forma, inteligência humana, ou um toque humano, é dado às máquinas.

A autonomação também muda o significado da gestão. Não será necessário um operador enquanto a máquina estiver funcionando normalmente; apenas quando a máquina para devido a uma situação anormal, é que ela recebe atenção humana. Como resultado, um trabalhador pode atender diversas máquinas, tornando possível reduzir o número de operadores e aumentar a eficiência da produção.

Olhando para isso de outro modo, as anormalidades jamais desaparecerão se um trabalhador sempre tomar conta de uma máquina e ficar parado atento a ela para quando ocorrer uma anormalidade. Sobre isso há um velho ditado japonês sobre ocultar um objeto extremamente mal-cheiroso apenas cobrindo-o. Se os materiais ou as máquinas são consertados sem que o supervisor de operações tome conhecimento disso, melhorias nunca serão atingidas; sendo assim, os custos nunca serão reduzidos.

Parar a máquina quando ocorre um problema força todos a tomar conhecimento do fato. Quando o problema é claramente compreendido, a melhoria é possível. Expandindo esse pensamento, estabelecemos uma regra segundo a qual, mesmo numa linha de produção operada manualmente, os próprios trabalhadores deveriam acionar o botão de parada para interromper a produção caso surgisse qualquer anormalidade.

Num produto como o automóvel, a segurança deve estar sempre em primeiro lugar. Portanto, em qualquer máquina em qualquer linha de produção em qualquer fábrica, as distinções entre operações normais e anormais devem ser claras e medidas de segurança devem ser sempre tomadas a fim de evitar a ocorrência. É por isso que fiz da autonomação o outro pilar do Sistema Toyota de Produção.

O poder da habilidade individual e do trabalho em equipe

A implementação da autonomação está a cargo dos gerentes e das supervisores de cada área da produção. A chave está em dar inteligência humana à máquina e, ao mesmo tempo, adaptar o movimento simples do operador humano às máquinas autônomas.

Qual é a relação entre *just-in-time e* automação com um toque humano, os dois pilares do Sistema Toyota de Produção? Utilizando a analogia de um time de beisebol, a autonomação correspondente à habilidade e ao talento dos jogadores individuais, ao passo que o *just-in-time* é o trabalho da equipe envolvida em atingir um objetivo preestabelecido.

Por exemplo, um jogador na área do campo externo nada terá a fazer enquanto o jogador que atira a bola ao batedor não tiver problemas. Mas um problema – o batedor oponente rebatendo a bola, por exemplo – ativa o jogador que está no campo externo, o qual pega a bola e a lança para o jogador que fica numa das três bases *just-in-time* para tirar o corredor da jogada.

Gerentes e supervisores numa fábrica são como o gerente da equipe e os treinadores do batedor, do base e do jogador que fica no campo externo. Um time de beisebol muito bom já dominou as jogadas, os jogadores podem enfrentar qualquer situação com a ação coordenada. Na manufatura, a equipe da produção que tenha dominado o sistema *just-in-time* é exatamente como um time de beisebol que joga bem em equipe.

A autonomação, por outro lado, desempenha um duplo papel. Ela elimina a superprodução, um desperdício significativo na manufatura, e evita a produção de produtos defeituosos. Para conseguir isso, procedimentos de trabalho padronizados, correspondendo às habilidades de cada jogador, devem ser obedecidos sempre. Quando surgem anormalidades —isto é, quando a habilidade de um jogador não pode ser manifestada —instruções especiais devem ser dadas para trazer o jogador de volta ao normal. Este é um importante dever do treinador.

No sistema automatizado, o controle visual, ou a "gestão pela visão," pode ajudar a trazer fraquezas da produção (ou seja, em cada jogador) à superfície, o que nos permitirá então adotar medidas que fortaleçam os jogadores envolvidos.

Desse modo, um time de campeonato combina bom trabalho de equipe com habilidade individual. Da mesma forma, uma linha de produção em que o *just-in-time* e a automação com um toque humano funcionam juntos será mais forte do que outras linhas, pois sua força está na sinergia desses dois fatores.

A redução de custos é o objetivo

Frequentemente usamos a palavra "eficiência" ao falar sobre produção, gerência e negócio. "Eficiência," na indústria moderna e nas empresas em geral, significa redução de custos.

Na Toyota, como em todas as indústrias manufatureiras, o lucro só pode ser obtido com a redução de custos. Quando aplicamos o princípio de custos, preço de venda = lucro + custo real, fazemos o consumidor responsável por todo o custo. Esse princípio não tem lugar na atual indústria automotiva competitiva.

Nossos produtos são cuidadosamente examinados por consumidores desobrigados, racionais, em mercados livres e competitivos em que o custo de manufatura de um produto não possui qualquer importância. A questão é se o produto tem ou não valor para o comprador. Se um preço alto é colocado em virtude do custo do fabricante, os consumidores simplesmente não comprarão.

A redução de custos deve ser o objetivo dos fabricantes de bens de consumo que busquem sobreviver no mercado atual. Durante um período de grande crescimento econômico, qualquer fabricante pode conseguir custos mais baixos com uma produção maior. Mas, no atual período de baixo crescimento, é difícil conseguir qualquer forma de redução de custos.

Não existe método mágico. Em vez disso, é necessário um sistema de gestão total que desenvolva a habilidade humana até sua mais plena capacidade, a fim de melhor realçar a criatividade e a operosidade na utilização satisfatória de instalações e máquinas e na eliminação de todo o desperdício.

O Sistema Toyota de Produção, cujos dois pilares defendem a absoluta eliminação do desperdício, surgiu no Japão por necessidade. Hoje, numa era de lento crescimento econômico no mundo inteiro, esse sistema de produção representa um conceito em administração que funcionará para qualquer tipo de negócio.

A ilusão da indústria japonesa

Depois da Segunda Guerra Mundial, quando Toyota Kiichirõ, pai da produção de carros no Japão, advogava a equiparação com os Estados Unidos em três anos, essa se constituiu a meta da Toyota e porque era clara, a atividade na Toyota se tornou focada e vigorosa.

Meu trabalho até 1943 era com têxteis, não com automóveis; isso foi uma vantagem. De fato, a ideia da automação com um toque humano surgiu dos teares auto-ativados da planta têxtil de Toyota Sakichi. Quando fui transferido para a produção de automóveis, embora eu fosse novo, pude identificar seus méritos e falhas em comparação com a planta têxtil.

Durante a reabilitação do pós-guerra, a indústria automotiva japonesa viveu momentos difíceis. A produção doméstica em 1949 foi de 25.622 caminhões e apenas 1.008 carros de passeio. Apesar da produção doméstica parecer insignificante, a fábrica da Toyota estava cheia de pessoas ansiosas tentando fazer algo. As palavras do Presidente Toyota "Alcançar os Estados Unidos" geravam esse espírito.

Em 1947, era encarregado da oficina de produção Nº 2 na atual fábrica matriz, em Toyota City, na época denominada planta Koromo. Para alcançar os EUA, pensava em fazer um operador cuidar de muitas máquinas e também de tipos diferentes de máquinas, ao invés de ter uma pessoa para cada máquina. Logo, o primeiro passo foi estabelecer um sistema sincronizado de fluxo na fábrica.

Nas fábricas americanas bem como na maioria das japonesas, um torneiro mecânico, por exemplo, opera apenas tornos. Em muitos leiautes de fábricas, chega a haver 50 ou 100 tornos em um só local. Quando a usinagem é completada, os itens são coletados e levados para o processo subsequente de perfuração; com isso terminado, os itens são então encaminhados para o processo de fresagem.

Nos Estados Unidos existe um sindicato para cada função, com muitos sindicatos em cada empresa. Os torneiros mecânicos somente podem operar tornos. Um trabalho de perfuração deve ser levado ao operador da furadeira. E porque os operadores têm uma única habilidade, um trabalho de solda necessário na seção de tornos não poderá ser feito ali, devendo ser levado ao soldador. Como consequência, existe um grande número de pessoas e máquinas. Para que as indústrias americanas consigam uma redução de custos sob tais condições, a única possibilidade é a produção em massa.

Quando grandes quantidades são produzidas, o custo da mão de obra por carro e a taxa de depreciação são reduzidos. Isso requer máquinas de alto desempenho e de alta velocidade que são duplamente grandes e caras.

Este tipo de produção é um sistema de produção em massa planejado no qual cada processo faz muitos componentes e os manda para o processo seguinte. Esse método gera, naturalmente, uma abundância de desperdício. Do momento em que adotou esse sistema americano até a crise do petróleo de 1973, o Japão tinha a ilusão de que esse sistema se adequava às suas necessidades.

Estabelecendo a sincronia da produção

É muito difícil romper com a tradição da planta fábrica na qual os operadores têm tarefas fixas, por exemplo, torneiros mecânicos no torno e soldadores na solda. Funcionou no Japão apenas porque estávamos dispostos a fazê-lo. O Sistema Toyota de Produção começou quando desafiei o sistema antigo.

Com a deflagração da Guerra da Coréia em junho de 1950, a indústria japonesa recobrou seu vigor. E nessa onda de crescimento, também a indústria automotiva se expandiu. Na Toyota, foi um ano muito ocupado e agitado, iniciando em abril com uma disputa de três meses com a mão de obra sobre redução na força de trabalho, seguida pela renúncia do Presidente Toyoda Kiichirō, que assumiu a responsabilidade pela greve. Depois disso, foi deflagrada a Guerra da Coréia.

Embora houvessem demandas especiais ocasionadas pela guerra, estávamos longe da produção em massa. Ainda estávamos produzindo pequenas quantidades de muitos modelos.

Nessa época, eu era gerente da fábrica no complexo de Koromo. Fazendo uma experiência, organizei as várias máquinas na sequência dos processos de usinagem. Essa foi uma mudança radical do sistema convencional no qual uma grande quantidade do mesmo componente era beneficiada em um processo e depois levada adiante para o processo seguinte.

Em 1947, organizamos as máquinas em linhas paralelas ou em forma de L de forma a fazer com que um trabalhador operasse três ou quatro máquinas ao longo da rota de processamento. Encontramos, porém, uma forte resistência por parte dos trabalhadores da produção, embora não tenha havido aumento de trabalho ou de horas trabalhadas. Nossos artífices não gostaram do novo arranjo que exigia que eles passassem a funcionar como operadores de múltiplas habilidades, pois não gostaram de passar de "um operador, uma máquina" para um sistema de "um operador, muitas máquinas em processos diferentes."

A resistência deles era compreensível. Além do mais, nossos esforços revelaram uma série de problemas. Por exemplo, uma máquina deve ser preparada para parar quando a operação termina, e às vezes havia tantos ajustes a fazer que um operador despreparado achava o trabalho difícil de ser feito.

À medida que esses problemas se tornaram mais claros, eles me mostravam a direção para continuar seguindo. Embora eu fosse jovem e estivesse ansioso para apressar, decidi não pressionar por mudanças rápidas e drásticas, mas ser paciente.

Sincronização da produção

Num negócio, nada dá mais prazer do que pedidos dos clientes. Com o término da disputa com os trabalhadores e o início das demandas especiais da Guerra da Coréia, uma tensão eletrizante tomou conta da fábrica. Como atenderíamos a demanda por caminhões? As pessoas na fábrica estavam frenéticas.

Havia escassez de tudo, desde matérias-primas até peças. Não podíamos conseguir as coisas na quantidade ou no momento necessário, porque nossos fornecedores de peças também estavam desprovidos de equipamentos e de mão de obra.

Como a Toyota fabricava chassis, o atraso ou a falta de peças na quantidade certa atrasavam o trabalho de montagem. Por essa razão, não podíamos fazer montagens durante a primeira quinzena do mês. Éramos forçados a juntar as peças que estavam chegando intermitente e irregularmente e fazer a montagem no final do mês. Como na velha canção dekansho, que fala em dormir meio ano, esta era uma "produção dekansho" e, a situação quase acabou com nosso sistema de produção.

Se uma peca é necessária na razão de 1.000 por mês, deveríamos fazer 40 peças por dia durante 25 dias. Além disso, deveríamos distribuir a produção de forma homogênea ao longo da jornada de trabalho. Se a jornada é de 480 minutos, deveríamos ter, na média, uma peça a cada 12 minutos. Esta ideia, mais tarde, evoluiu para o nivelamento da produção.

Estabelecer um fluxo de produção e uma forma de manter um constante suprimento externo de matérias-primas para as peças a serem usinadas era o modo pelo qual o Sistema Toyota, ou japonês, de produção deveria ser operado. Nossas mentes estavam cheias de ideias. Porque havia escassez de tudo, devemos ter pensado que estava certo aumentar a força de trabalho e o número de máquinas para produzir e estocar itens. Na época, estávamos fazendo não mais do que 1.000 a 2.000 carros por mês e mantendo um estoque de um mês em cada processo. Exceto pela necessidade de um grande depósito, o fato não parecia ser um grande incômodo, entretanto, nós previmos um grande problema se e quando a produção aumentasse.

A fim de evitar esse problema potencial, buscamos formas de nivelar toda a produção. Desejávamos nos afastar da obrigação de produzir tudo no período do fim do mês, então começamos a procurar a solução dentro da própria Toyota. Assim, quando precisávamos de fornecedores externos, primeiro ouvíamos as suas necessidades e depois pedíamos que cooperassem nos ajudando a conseguir uma produção nivelada*. Dependendo da situação, discutíamos a cooperação do fornecedor em termos de mão de obra, materiais e dinheiro.

No começo, havia necessidade

Até aqui, descrevi sequencialmente os princípios fundamentais do Sistema Toyota de Produção e sua estrutura básica. Gostaria de enfatizar que isso foi realizado porque havia sempre propostas e necessidades claras.

Acredito fortemente que "a necessidade é a mãe da invenção." Mesmo hoje, melhorias nas fábricas Toyota são feitas com base nas necessidades e acredito que a chave para o progresso nas melhorias da produção está em permitir que o pessoal da fábrica sinta essa necessidade.

---

* N. de R.T.: Ao longo do texto Taiichi Ohno denomina os fornecedores externos da Toyota de firmas ou empresas colaboradoras (externas).

Até mesmo meus próprios esforços para construir o Sistema Toyota de Produção, bloco por bloco, também se baseavam na forte necessidade de descobrir um novo método de produção que eliminasse o desperdício e nos ajudasse a alcançar os Estados Unidos em três anos.

Por exemplo, a ideia de um processo final ser transferido para um processo inicial para apanhar materiais resultou das seguintes circunstâncias. No sistema convencional, um processo inicial enviava continuamente produtos para um processo final, independentemente das exigências da produção naquele dado processo. Montanhas de peças, portanto, podiam se amontoar nos processos finais. Naquele ponto, os trabalhadores gastavam seu tempo procurando espaço para estocagem e catando peças, em vez de fazer progresso na parte mais importante do seu trabalho – a produção.

De alguma forma, esse desperdício tinha de ser eliminado e isso significava parar imediatamente o avanço automático de peças provenientes dos processos iniciais, essa necessidade que nos fez mudar o nosso método.

A reorganização das máquinas no chão de fábrica para estabelecer um fluxo de produção eliminou o desperdício de estocar peças, assim como também nos auxiliou a atingir o sistema "um operador, muitos processos" e aumentou a eficiência da produção em duas e três vezes.

Já mencionei que nos Estados Unidos esse sistema não poderia ser facilmente implementado. Foi possível no Japão porque não tínhamos sindicatos estabelecidos por tipo de tarefa como os da Europa e dos Estados Unidos. Consequentemente, a transição do operador unifuncional para o multifuncional ocorreu relativamente sem problemas, embora tenha havido urna resistência inicial por parte dos artífices. Isso não significa, entretanto, que os sindicatos japoneses fossem mais fracos do que os seus equivalentes e do que os europeus, muito da diferença entre eles está na história e na cultura.

Alguns dizem que os sindicatos de trabalhadores no Japão representam uma sociedade dividida verticalmente, sem mobilidade, ao passo que os sindicatos orientados por função na Europa e nos Estados Unidos exemplificam sociedades divididas lateralmente, possuidoras de maior mobilidade. Será que é realmente assim? Não creio que seja. No sistema americano, um torneiro mecânico é sempre um operador de torno e um soldador é um soldador até o fim. No sistema japonês, um operador possui um espectro mais amplo de habilidades, em que ele pode operar um torno, lidar com uma furadeira e também fazer funcionar uma fresa. Ele pode até soldar. Quem poderá dizer qual sistema é o melhor? Se muitas das diferenças derivam da história e da cultura dos dois países, deveríamos procurar os méritos de ambos.

No sistema japonês, os operadores adquirem um amplo espectro de habilidades produtivas, que denomino de habilidades manufatureiras, e participam na construção de um sistema total na área da produção. Dessa forma, o indivíduo pode encontrar valor em seu trabalho.

Necessidades e oportunidades estão sempre presentes; devemos apenas nos esforçar para encontrar aquelas que são práticas. Quais são as necessidades essenciais da empresa sob condições de crescimento lento? Em outras palavras, como podemos aumentar a produtividade quando a quantidade de produção não está aumentando?

É indispensável uma revolução na consciência

Não há desperdício mais terrível em uma empresa do que a superprodução. Por que ela ocorre?

Nos sentimos naturalmente mais seguros com uma quantidade considerável de estoques. Antes, durante e depois da Segunda Guerra Mundial, comprar e estocar constituíam comportamentos naturais. Mesmo nessa época de maior riqueza, as pessoas compraram papel higiênico e detergente quando ocorreu a crise do petróleo.

Poderíamos dizer que essa é a resposta de uma comunidade agrícola. Nossos ancestrais cultivavam arroz para a subsistência e o estocavam, preparando-se para os períodos de dificuldades impostos pela natureza. A partir da nossa experiência durante a crise do petróleo, aprendemos que a nossa natureza básica não mudou muito.

A indústria moderna também parece estar paralisada nesse modo de pensar. Um industrial pode se inquietar com a sobrevivência nesta sociedade competitiva e manter alguns estoques de matérias-primas, produtos semiacabados e produtos prontos, contudo, este tipo de estocagem já não é mais prático. A sociedade industrial deve desenvolver a coragem, ou melhor, o bom senso, de buscar apenas o que é necessário, quando for necessário e na quantidade necessária.

Isso requer aquilo que chamo de revolução na consciência, uma mudança de atitude e de ponto de vista por parte dos empresários. Num período de crescimento lento, manter um grande estoque causa o desperdício da superprodução, o que também leva a um estoque de peças defeituosas, cujo é uma séria perda de negócios. Devemos compreender essas situações em profundidade antes que possamos alcançar uma revolução na consciência.

Evolução do Sistema Toyota de Produção

Repetindo cinco vezes *por quê*

Ao enfrentar um problema, alguma vez você parou e perguntou "por quê" cinco vezes? É difícil fazê-lo, mesmo que pareça fácil. Suponha, por exemplo, que uma máquina parou de funcionar:

1. Por que a máquina parou?
   Porque houve uma sobrecarga e o fusível queimou.
2. Por que houve uma sobrecarga?
   Porque o mancal não estava suficientemente lubrificado.
3. Por que não estava suficientemente lubrificado?
   Porque a bomba de lubrificação não estava bombeando suficientemente.
4. Por que não estava bombeando suficientemente?
   Porque o eixo da bomba estava gasto e vibrando.
5. Por que o eixo estava gasto?
   Porque não havia uma tela acoplada e entrava limalha.

Repetindo "por quê" cinco vezes, dessa forma, pode-se ajudar a descobrir a raiz do problema e corrigi-lo. Se esse procedimento não tivesse sido realizado, possivelmente ter-se-ia apenas substituído o fusível ou o eixo da bomba. Nesse caso, o problema reaparecia dentro de poucos meses.

Para dizer a verdade, o Sistema Toyota de Produção tem sido construído com base na prática e na evolução desta abordagem científica. Perguntando cinco vezes "por quê" e respondendo a cada vez, podemos chegar à verdadeira causa do problema, que geralmente está escondida atrás de sintomas mais óbvios.

"Por que uma pessoa na Toyota Motor Company pode operar apenas uma máquina, enquanto na tecelagem Toyota uma moça supervisiona de 40 a 50 teares automáticos?"

Começando com essa pergunta, obtivemos a resposta: "As máquinas na Toyota não são programadas para parar quando completada a usinagem." A partir disso, foi desenvolvida a automação com um toque humano.

À pergunta "por que não podemos fazer este componente usando *just-in-time*?" adveio a resposta: "O processo anterior os produz tão rapidamente que não sabemos quantos são feitos por minuto." a partir da qual foi desenvolvida a ideia de sincronização da produção.

A primeira resposta à pergunta "Por que estamos produzindo componentes em demasia?" foi "Porque não existe um jeito de manter baixa ou prevenir a superprodução." resposta que levou à ideia de controle visual que, por sua vez, conduziu à ideia do *Kanban*.

Conforme afirmado no capítulo anterior, o Sistema Toyota de Produção é fundamentalmente baseado na absoluta eliminação do desperdício. Em primeiro lugar, por que o desperdício é gerado? Com esta questão, estamos, na verdade, indagando sobre o significado do lucro, a condição para a existência continuada de um negócio, ao mesmo tempo, estamos perguntando por que as pessoas trabalham.

Na operação de produção de uma fábrica, os dados são considerados de grande relevância, mas considero os fatos como sendo ainda mais importantes. Quando surge um problema e a nossa busca pela causa não for completa, as ações efetivadas podem ficar desfocadas. É por isso que repetidamente perguntamos *por quê*. Essa é a base científica do Sistema Toyota.

Análise total do desperdício

Ao pensar sobre a eliminação total do desperdício, tenha em mente os seguintes pontos:

1. o aumento da eficiência só faz sentido quando está associado à redução de custos. Para obter isso, temos que começar a produzir apenas aquilo que necessitamos usando um mínimo de mão de obra;
2. A observação da eficiência no sistema de produção é fundamental. Assim, observe a eficiência de cada operador e de cada linha e, então, observe os operadores como um grupo para, enfim, observar a eficiência de toda a fábrica (todas as linhas). A eficiência deve ser melhorada em cada estágio e, ao mesmo tempo, para a fábrica como um todo.

Por exemplo, durante toda a disputa sobre a redução da força de trabalho ao longo de 1950 e a posterior expansão dos negócios ocasionada pela

Guerra da Coréia, a Toyota lutou com o problema de como aumentar a produção sem aumentar a força de trabalho. Sendo um dos gerentes da planta de produção, coloquei as minhas ideias em prática das seguintes formas.

Digamos, por exemplo, que uma linha de produção tem 10 trabalhadores e faz 100 produtos por dia. Isso significa que a capacidade da linha é de 100 peças por dia e que a produtividade por pessoa é de 10 peças. Observando a linha e os trabalhadores mais detalhadamente, entretanto, nota-se superprodução, trabalhadores aguardando e outros movimentos desnecessários conforme a hora do dia.

Suponhamos que a situação foi melhorada e que reduzimos a força de trabalho em dois trabalhadores. O fato de que oito funcionários pudessem produzir 100 peças por dia sugere que podemos produzir 125 peças por dia, aumentado a eficiência sem reduzir a força de trabalho. Na verdade, porém, a capacidade para fazer 125 peças por dia existia antes, mas estava sendo desperdiçada na forma de trabalho desnecessário e de superprodução.

Isso significa que se considerarmos apenas o trabalho que é necessário como trabalho real e definirmos o resto como desperdício, a equação a seguir será verdadeira, sejam considerados trabalhadores individuais ou a linha inteira:

Capacidade atual = trabalho + desperdício

A verdadeira melhoria na eficiência surge quando produzimos zero desperdício e levamos a porcentagem de trabalho a 100%. De modo que no Sistema Toyota de Produção devemos produzir apenas a quantidade necessária, a força de trabalho deve ser reduzida a fim de cortar o excesso de capacidade e de corresponder à quantidade necessária.

O passo preliminar para a aplicação do Sistema Toyota de Produção é identificar completamente os desperdícios:

- desperdício de superprodução;
- desperdício de tempo disponível (espera);
- desperdício em transporte;
- desperdício do processamento em si;
- desperdício de estoque disponível (estoque);
- desperdício de movimento;
- desperdício de produzir produtos defeituosos.

A eliminação completa desses desperdícios (ver o Glossário para explicação das categorias) pode aumentar a eficiência de operação por uma ampla margem. Para fazê-lo, devemos produzir apenas a quantidade necessária, liberando, assim, a força de trabalho extra. O Sistema Toyota de Produção revela claramente o excesso de trabalhadores e por causa disso, alguns sindicalistas têm suspeitado de que se trata de um mecanismo para despedir operários. Mas não é essa a ideia.

18 | Sistema Toyota de Produção

A responsabilidade da gerência é identificar o excesso de trabalhadores e utilizá-los efetivamente. Contratar mais funcionários quando os negócios vão bem e a produção está em alta ou recrutar funcionários aposentados antecipadamente em tempos de recessão são práticas ruins. Os gerentes devem aproveitá-los com cuidado. Por outro lado, a eliminação de funções que envolvem desperdícios e que não têm aproveitamento enfatiza o valor do trabalho para os trabalhadores.

Meu princípio da fábrica em primeiro lugar

A fábrica é a principal fonte de informação da manufatura. Ela fornece as informações mais diretas, atualizadas e estimulantes sobre a gerência.

Sempre acreditei firmemente no princípio da fábrica em primeiro lugar, talvez porque tenha começado a trabalhar no chão de fábrica. Mesmo hoje, como parte do primeiro escalão da empresa, tenho sido incapaz de me separar da realidade encontrada na planta de produção. O tempo que me provê as informações mais vitais sobre a gerência é aquele que passo na fábrica, e não na sala da vice-presidência.

Em algum momento entre 1937 e 1938, meu chefe na Toyoda Spinning and Weaving me disse para preparar métodos de trabalho padrão para a tecelagem. Era um projeto difícil. Com base num livro sobre métodos de trabalho padrão, que comprei na *Maruzen*[1], consegui cumprir a tarefa.

Porém, um procedimento de trabalho adequado não pode ser escrito numa escrivaninha; ele deve ser testado e revisado muitas vezes na planta de produção e além disso, ele tem que ser um procedimento que qualquer um possa compreender de imediato.

Quando cheguei à Toyota Motor Company durante a guerra, pedi aos meus trabalhadores que preparassem métodos de trabalho padrão. Operários especializados estavam sendo transferidos da fábrica para os campos de batalha e um número crescente de máquinas estava aos poucos sendo operado por homens e mulheres inexperientes o que naturalmente aumentou a necessidade de métodos de trabalho padrão. Minha experiência durante aquele período estabeleceu a base para os meus 35 anos de trabalho sobre o Sistema Toyota de Produção e foi também a origem do meu princípio da fábrica em primeiro lugar.

Escrevendo você mesmo a folha de trabalho padrão

Em cada planta da Toyota Motor Company, bem como nas plantas de produção das empresas cooperadoras que adotam o Sistema Toyota de Produção, o controle visual é estabelecido integralmente. Folhas de trabalho padrão são afixadas em local bem visível em cada estação de trabalho. Quando alguém olha para cima, o *andon* (o quadro de indicação de parada da linha) fica visível, mostrando rapidamente o local e a natureza das situações problema. Além disso, caixas contendo os componentes trazidas para o lado da linha de produção chegam com um *Kanban* afixados nelas, o símbolo visual do Sistema Toyota de Produção.

Aqui, entretanto, desejo discutir a folha de trabalho padrão como um meio de controle visual, que é como o Sistema Toyota de Produção é administrado.

As folhas de trabalho padrão e as informações nelas contidas são elementos importantes do Sistema Toyota de Produção. Para que alguém da produção seja capaz de escrever uma folha de trabalho padrão que outros trabalhadores possam compreender, ele ou ela deve estar convencido(a) da sua importância.

Eliminamos o desperdício examinando os recursos disponíveis, reagrupando máquinas, melhorando processos de usinagem, instalando sistemas autônomos, melhorando ferramentas, analisando métodos de transporte e otimizando a quantidade de materiais disponíveis para processamento. A alta eficiência da produção também foi mantida pela prevenção da ocorrência de produtos defeituosos, de erros operacionais, de acidentes e pela incorporação das ideias dos trabalhadores. Tudo isso é possível por causa da imperceptível folha de trabalho padrão, a qual combina eficazmente materiais, operários e máquinas para produzir com eficiência. Na Toyota, este procedimento é chamado de uma combinação de trabalho.

A folha de trabalho padrão mudou pouco desde a vez em que me foi pedido para elaborá-la há 40 anos na tecelagem. Entretanto, ela está totalmente baseada em princípios e desempenha um papel importante no sistema de controle visual da Toyota. Ela lista com clareza os três elementos do procedimento de trabalho padrão, como:

1. tempo de ciclo;
2. sequência do trabalho;
3. estoque padrão.

O tempo de ciclo é o tempo alocado para fazer uma peça ou unidade, o qual determinado pela quantidade da produção, ou seja, a quantidade necessária e o tempo da operação. A quantidade necessária por dia é a quantidade necessária por mês dividida pelo número de dias de trabalho naquele mês ao passo que o tempo de ciclo é calculado dividindo-se as horas de operação pela quantidade necessária por dia. Mesmo quando o tempo de ciclo é determinado dessa forma, os tempos individuais podem diferir.

No Japão, é costume dizer que "o tempo é a sombra do movimento." Na maior parte dos casos, o atraso é gerado por diferenças na movimentação e na sequência do operador. A tarefa do supervisor de área, do chefe de seção ou do supervisor de equipe é treinar trabalhadores. Eu sempre disse que deveria levar apenas três dias para treinar novos operários nos procedimentos adequados de trabalho. Quando as instruções estão claras sobre a sequência e os movimentos básicos, os operários aprendem rapidamente a evitar refazer um trabalho ou produzir peças defeituosas.

Para fazer isso, entretanto, o treinador deve realmente acompanhar de perto os operários e ensiná-los. Isso gera confiança no supervisor. Ao mesmo tempo, os operários devem ser ensinados a ajudar uns aos outros; uma vez que são pessoas quem estão fazendo o trabalho, e não máquinas, haverá diferenças individuais nos tempos de operação causadas por condições físicas. Essas diferenças, por sua vez, serão absorvidas pelo primeiro operário no processo, exatamente como ocorre na zona de passagem do bastão numa pista de revezamento. Levar adiante os métodos padronizados no tempo de ciclo ajuda no crescimento da harmonia entre os operários.

Já o termo "sequência do trabalho" significa exatamente o que está expresso. Não se refere à ordem de processos ao longo dos quais fluem os produto mas, sim, à sequência de operações, ou à ordem de operações em que um operário processa itens: transportando-os, montando-os nas máquinas, removendo-os delas, e assim por diante.

Quanto ao estoque padrão esse refere-se ao mínimo de trabalho-em-processo intraprocesso necessário para que as operações continuem. Isso inclui os itens montados nas máquinas.

Mesmo sem modificar o leiaute das máquinas, o estoque padrão entre processo é geralmente desnecessário se o trabalho estiver sendo realizado na ordem dos processos de usinagem. Tudo o que é necessário são as peças montadas nas várias máquinas. Por outro lado, será necessário um item (ou dois, em que duas peças estão montadas nas máquinas) do estoque padrão, se o trabalho prosseguir por função da máquina, em vez de pelo fluxo do processo.

No Sistema Toyota de Produção, o fato de que as peças têm que chegar *just-in-time* significa que os estoques padrão têm de fechar muito mais rigorosamente.

O trabalho em equipe é tudo

Mencionei o tema da harmonia ao discutir os tempos de ciclo. Gostaria agora de dedicar algum tempo para apresentar a vocês os meus pensamentos sobre o trabalho em equipe.

O trabalho e os esportes têm muitas coisas em comum. No Japão, a competição é tradicionalmente individual, como ocorre nas lutas de *sumô, judô* e *kendoo*. Na verdade, no Japão nós não "competimos" nessas atividades e, sim, "procuramos o caminho e o estudamos" com devoção. Essa abordagem tem sua analogia no local de trabalho, onde a arte do artesão individual é altamente valorizada.

Esportes competitivos de equipe vieram para o Japão depois que a cultura ocidental foi importada. E na indústria moderna, a harmonia entre as pessoas de um grupo, como no trabalho em equipe, está em maior demanda do que a arte do artesão individual.

Por exemplo, numa competição de barcos com oito remadores por barco, num time de beisebol com nove jogadores, num jogo de vôlei com seis jogadores de cada lado ou num time de futebol com onze jogadores, a chave para vencer ou perder é o trabalho em equipe. Mesmo com um ou dois jogadores "estrelas", uma equipe necessariamente não ganha.

A manufatura também é feita através do trabalho em equipe. Pode ser preciso 10 ou 15 operários, por exemplo, para levar um trabalho de matérias-primas ao produto final. A ideia é o trabalho em equipe; não quantas peças foram usinadas ou perfuradas por um operário, mas quantos produtos foram completados pela linha com um todo. Há anos atrás eu costumava contar aos operários da produção uma das minhas histórias favoritas sobre um barco remado por oito homens, quatro do lado esquerdo e quatro do lado direito. Se eles não remarem corretamente, o barco irá ziguezaguear a esmo. Um remador poderá achar que é mais forte do que o outro e remar com esforço redobrado, mas esse esforço extra, na verdade, dificulta o avanço do barco e o tira do seu curso. A melhor forma de fazer com que o barco vá mais rápido é fazendo com que todos distribuam a força igualmente, remando igualmente e à mesma profundidade.

Outro caso é que, hoje, um time de vôlei tem seis jogadores; quando antes havia nove. Se um time de nove jogadores tentar jogar como um time de seis usando as mesmas jogadas, os jogadores poderão se machucar batendo uns contra os outros. Eles provavelmente perderão, porque ter mais jogadores não é necessariamente uma vantagem. Enfim, o trabalho em equipe combinado com outros fatores pode permitir que um time menor vença e o mesmo é verdadeiro em um ambiente de trabalho.

Os esportes nos dão muitas indicações úteis. No beisebol, por exemplo, se alguém traçar limites ao redor da zona de defesa interna e disser que apenas o segundo homem de base pode jogar ali, enquanto que o terceiro homem de base pode apenas jogar em outra área indicada, o jogo não será tão divertido de acompanhar.

Do mesmo modo, as coisas não funcionam necessariamente bem no trabalho só porque áreas de responsabilidade foram atribuídas. O trabalho em equipe é essencial.

A habilidade de passar o bastão

Mais ou menos na época em que comecei a trabalhar no Sistema Toyota de Produção, a Guerra da Coréia estava chegando ao fim. Os jornais estavam chamando o designado paralelo 38 de uma tragédia nacional. O mesmo é verdade no trabalho: não podemos traçar um "38^9– paralelo" nas áreas de trabalho uns dos outros.

O local de trabalho é como uma corrida com revezamento – existe sempre uma área de onde se pode passar o bastão. Se ele é passado corretamente, o tempo total final pode ser melhor do que os tempos individuais dos quatro corredores. Em uma raia de natação, um nadador não pode mergulhar antes que a mão do nadador anterior toque a parede. Na pista, no entanto, as regras são diferentes e um corredor mais veloz pode compensar um outro mais lento. Este é um aspecto interessante.

Em um trabalho de manufatura feito por quatro ou cinco pessoas, as peças deveriam ser passadas adiante como se fossem bastões. Se um operador num processo posterior está atrasado, outros deveriam ajudar a trocar as ferramentas de sua máquina. Quando a área de trabalho volta ao normal, aquele trabalhador deveria pegar o bastão e todos os demais deveriam voltar às suas posições. Desse modo, sempre digo aos operários que eles devem ser bons na passagem do bastão.

No trabalho e nos esportes é desejável que os membros da equipe trabalhem com a mesma força. Na verdade, esse não é sempre o caso particularmente com novos funcionários que não estão familiarizados com o trabalho. Na Toyota, chamamos o sistema de passagem do bastão de "Campanha de Assistência Mútua", pois provê a força para gerar um trabalho em equipe mais forte.

Acredito que o ponto em comum mais importante entre os esportes e o trabalho é a contínua necessidade de praticar e de treinar. É fácil compreender a teoria com a mente; o problema é lembrá-la com o corpo. A meta é conhecer e fazer instintivamente. Ter o espírito para suportar o treinamento constitui o primeiro passo na estrada que leva à vitória.

Uma ideia de um supermercado americano

Repetindo, os dois pilares do Sistema Toyota de Produção são o *just-in-time* e a automação com um toque humano, ou autonomação. A ferramenta utiliza-

CAPÍTULO 2 • EVOLUÇÃO DO SISTEMA TOYOTA DE PRODUÇÃO | **23**

da para operar o sistema é o *Kanban,* uma ideia advinda dos supermercados americanos.

Após a Segunda Guerra Mundial, os produtos americanos cobriram o Japão – chicletes e Coca-Cola, até mesmo o jipe. O primeiro supermercado de estilo americano apareceu em meados dos anos 50 e, à medida que mais e mais japoneses visitavam os EUA, eles viam a estreita relação que há entre o supermercado e o estilo de vida diário na América. Consequentemente, esse tipo de loja tornou-se moda no Japão, devido à curiosidade japonesa e à sua inclinação para copiar.

Em 1956, visitei as fábricas americanas da *General Motors, Ford* e outras empresas de máquinas. Mas o que mais me impressionou foi o quanto prevalecem os supermercados nos Estados Unidos. A razão para isso é que por volta do final da década de 40, na oficina da Toyota que eu gerenciava, já estávamos estudando os supermercados americanos e aplicando seus métodos ao nosso trabalho.

Combinar automóveis e supermercados pode parecer muito esquisito, mas, por muito tempo, desde que aprendemos sobre a troca de mercadorias nos supermercados dos Estados Unidos, estabelecemos uma relação entre os supermercados e o sistema *just-in-time.*

Um supermercado é onde um cliente pode obter o que é necessário, no momento em que é necessário, na quantidade necessária. Às vezes, é claro, o cliente pode comprar mais do que ele precisa. Entretando, em princípio, o supermercado é um lugar onde compramos conforme a necessidade. Logo, os operadores dos supermercados devem garantir que os clientes possam comprar o que precisam em qualquer momento.

Comparado aos métodos tradicionais de vendas japoneses da virada do século, tais como mascatear remédios porta a porta, andar à procura de clientes para tirar pedidos, vender mercadorias pelas ruas, o sistema americano de supermercado é mais racional. Do ponto de vista do vendedor, a mão de obra não é desperdiçada carregando itens que possam não vender, enquanto que o comprador não tem que se preocupar se compra itens extras ou não.

Do supermercado pegamos a ideia de visualizar o processo inicial numa linha de produção como um tipo de loja. O processo final (cliente) vai até o processo inicial (supermercado) para adquirir as peças necessárias (gêneros) no momento e na quantidade que precisa. O processo inicial imediatamente produz a quantidade recém retirada (reabastecimento das prateleiras). Dessa maneira, esperávamos que isso nos ajudasse a atingir a nossa meta *just-in-time* e, em 1953, passamos a implantar o sistema na nossa oficina na fábrica principal.

Na década de 50, supermercados no estilo americano apareceram no Japão, trazendo para mais perto o objeto da nossa pesquisa. E quando estava

Quando a *Ohashi Iron Works* (Fundição Ohashi) entrega peças à fábrica central da *Toyota Motors*, ela usa este *Kanban* de pedido de peças para subcontratantes. O número 50 representa o número do portão de recebimento da Toyota. A vareta é entregue à área de estocagem A e o número 21 é o número de controle de item para as peças.

Figura 2.1 Uma amostra de *Kanban*.

nos Estados Unidos, em 1956, finalmente realizei meu desejo de visitar, em primeiro lugar, um supermercado.

Nosso maior problema com esse sistema foi como evitar causar confusão no processo inicial quando um processo final tomasse grandes quantidades de uma só vez. Após tentativa e erro, elaboramos a sincronização da produção, descrito mais tarde neste livro.

O que é *Kanban*?

O método de operação do Sistema Toyota de Produção é o *Kanban*. A forma mais frequentemente usada é um pedaço de papel dentro de um envelope de vinil retangular.

Nesse pedaço de papel, a informação pode ser dividida em três categorias: informação de coleta, informação de transferência e informação de produção. O *Kanban* carrega a informação vertical e lateralmente dentro da própria Toyota e entre a Toyota e as empresas colaboradoras.

Conforme disse antes, a ideia surgiu do supermercado. Suponha que levássemos o *Kanban* para o supermercado. Como ele funcionaria?

As mercadorias compradas pelos clientes são registradas no caixa. Cartões que carregam informação sobre os tipos e as quantidades de mercadorias compradas são então passados para o departamento de compras. Usando essa informação, as mercadorias retiradas são rapidamente substituídas pelas compradas. Estes cartões correspondem ao *Kanban* de movimentação no Sistema Toyota de Produção. No supermercado, as mercadorias exibidas na loja correspondem ao estoque na fábrica.

Se o supermercado tivesse uma fábrica própria nas suas proximidades, haveria *Kanban* de produção além do *Kanban* de movimentação entre a loja e o departamento de produção. Baseado nas instruções indicadas neste *Kanban*, o departamento de produção produziria a quantidade de mercadorias compradas.

Os supermercados, é claro, não foram tão longe. Em nossa fábrica, no entanto, temos feito isso desde o início.

O sistema de supermercado foi adotado na fábrica por volta de 1953. Para fazê-lo funcionar, utilizamos pedaços de papel listando o número do componente de uma peça e outras informações relacionadas com o trabalho de usinagem. Chamamos isso de *Kanban*.

Mais tarde, isso foi chamado de "sistema *Kanban*." Sentimos que se esse sistema fosse utilizado habilidosamente, todos os movimentos na fábrica poderiam ser unificados ou sistematizados, afinal, um pedaço de papel fornecia imediatamente as seguintes informações: quantidade de produção, tempo, método, quantidade de transferência ou de sequência, hora da transferência, destino, ponto de estocagem, equipamento de transferência, *container* e assim por diante. Nessa época, eu não duvidava de que esse método de transmitir informação funcionasse corretamente.

Normalmente, numa empresa, o QUÊ, o QUANDO e o QUANTO são estabelecidos pela seção de planejamento de produção na forma de um plano de início de trabalho, plano de transferência, ordem de produção ou pedido de entrega que é passado por toda a fábrica. Quando esse sistema é usado, o "QUANDO" é determinado arbitrariamente e as pessoas pensam que estará tudo bem se as peças chegarem a tempo ou antes. O gerenciamento das peças feitas com muita antecedência significa, contudo, o envolvimento de muitos trabalhadores intermediários. A palavra *"just"* (apenas) em *just-in-time* (apenas a tempo) significa exatamente isso. Se as peças chegarem antes de que sejam necessárias – e não no momento exato em que são necessárias – o desperdício não pode ser eliminado.

No Sistema Toyota de Produção, o *Kanban* impede totalmente a superprodução. Como resultado, não há necessidade de estoque extra e, consequentemente, não há necessidade de depósito e do seu gerente. A produção de inumeráveis controles em papel também se torna desnecessária.

O uso incorreto causa problemas

Com uma ferramenta melhor, podemos conseguir resultados maravilhosos, mas se a usarmos incorretamente, a ferramenta pode tornar as coisas piores.

O *Kanban* é uma daquelas ferramentas que, se utilizada inadequadamente, pode causar uma série de problemas. Para usar o *Kanban* correta e habilmente, devemos entender com clareza seu propósito e seu papel e, então, estabelecer regras para seu uso.

O *Kanban* é uma forma para atingir o *just-in-time*, sua finalidade é o *just-in-time*. O *Kanban*, em essência, torna-se o nervo autonômico da linha de produção. Baseados nisso, os operários da produção começam a trabalhar por eles mesmos e a tomar as suas próprias decisões quanto a horas extras. O sistema *Kanban* também deixa claro o que deve ser feito pelo gerentes e pelos supervisores. Isso promove, inquestionavelmente, melhorias tanto no trabalho como no equipamento.

O objetivo de eliminar desperdício também é enfatizado pelo *Kanban*. Sua utilização mostra imediatamente o que é desperdício, permitindo um estudo criativo e propostas de melhorias. Na planta de produção, o *Kanban* é uma força poderosa para reduzir mão de obra e estoques, eliminar produtos defeituosos e impedir a recorrência de panes.

Não é exagero dizer que o *Kanban* controla o fluxo de mercadorias na Toyota; ele controla a produção de uma empresa que tem um faturamento superior a 4,8 bilhões de dólares por ano.

Dessa forma, o sistema *Kanban* da Toyota claramente reflete nossos desejos, pois é praticado sob regras rígidas e sua efetividade é demonstrada pelos resultados da nossa empresa. O Sistema Toyota de Produção, porém, progride ainda pela supervisão minuciosa e constante das regras do *Kanban*, como num problema sem fim.

Funções do *Kanban*:

1. fornecer informação sobre apanhar ou transportar;
2. fornecer informação sobre a produção;
3. impedir a superprodução e o transporte excessivo;
4. servir como uma ordem de fabricação afixada às mercadorias;
5. impedir produtos defeituosos pela identificação do processo que os produz;
6. revelar problemas existentes e mantém o controle de estoques.

Regras para utilização:

1. o processo subsequente apanha o número de itens indicados pelo *Kanban* no processo precedente;
2. o processo inicial produz itens na quantidade e na sequência indicadas pelo *Kanban*;
3. nenhum item é produzido ou transportado sem um *Kanban*;

CAPÍTULO 2 • EVOLUÇÃO DO SISTEMA TOYOTA DE PRODUÇÃO | **27**

4. ele serve para afixar um *Kanban* às mercadorias.
5. os produtos defeituosos não são enviados para o processo seguinte. O resultado é mercadorias 100% livres de defeitos.
6. a redução do número de *Kanbans* aumenta sua sensibilidade aos problemas.

O talento e a coragem para repensar o que chamamos de bom senso

A primeira regra do *Kanban* é que o processo subsequente vai para o precedente para buscar produtos. Essa regra nasceu da necessidade de olhar as coisas pelo avesso ou de um ponto de vista oposto.

Para praticar essa primeira regra, uma compreensão superficial não é suficiente. A cúpula diretiva deve mudar seu modo de pensar e se comprometer a reverter o fluxo convencional de produção, transferência e entrega. Isso encontrará muita resistência e exige coragem. Mas, quanto maior o comprometimento, tanto mais bem-sucedida será a implementação do Sistema Toyota de Produção.

Nos 30 anos transcorridos desde que passei da área têxtil para o mundo dos automóveis, tenho trabalhado continuamente para desenvolver e promover o Sistema Toyota de Produção, apesar de duvidar de minha habilidade em ter sucesso.

Isso pode parecer pretencioso, mas o crescimento do Sistema Toyota de Produção tendeu a coincidir com o crescimento das minhas próprias responsabilidades na Toyota.

Em 1949-1950, como gerente de fábrica do que é agora a planta principal, dei o primeiro passo na direção da ideia do *just-in-time*. Então, para estabelecer o fluxo de produção, rearranjamos as máquinas e adotamos um sistema multiprocesso que destina um operador para três ou quatro máquinas. Desde então, utilizei minha crescente autoridade, em toda a sua extensão, para expandir essas ideias.

Durante esse período, todas as ideias que eu audaciosamente colocava em prática tinham a intenção de melhorar o velho e conservador sistema de produção – e elas podem ter parecido arbitrárias. A alta cúpula da Toyota observava a situação em silêncio, e admiro a posição que eles adotaram.

Tenho uma boa razão para enfatizar o papel da alta cúpula na discussão da primeira regra do *Kanban*. Existem muitos obstáculos para implantar a regra de que o processo subsequente deve retirar o que precisa do processo precedente quando for necessário. Por essa razão, o comprometimento e o forte apoio da gerência são essenciais à aplicação bem-sucedida dessa primeira regra.

Para o processo precedente, entretanto, isso significa eliminar o programa de produção com que eles contaram durante muito tempo. Os operários da produção têm uma grande dose de resistência psicológica à ideia de que simplesmente produzir tanto quanto possível não é mais uma prioridade.

Tentar produzir apenas os itens retirados também significa fazer a troca de ferramentas com mais frequência, a menos que a linha de produção esteja dedicada a um único item. Normalmente, as pessoas consideram uma vantagem para o processo precedente produzir uma grande quantidade de um item. Mas, enquanto se produz o item A em quantidade, o processo pode não dar vencimento à necessidade do item B. Consequentemente, torna-se necessário reduzir o tempo de troca de ferramentas e o tamanho dos lotes.

Dentre os novos problemas, o mais difícil vem à tona quando o processo subsequente pega uma grande quantidade de um item. Quando isso acontece, o processo precedente fica imediatamente sem aquele item. Se tentar fazer oposição a isso retendo algum estoque, não saberemos que item será retirado a seguir, e teremos que manter um estoque para cada item: A, B e assim por diante. Se todos os processos iniciais começarem a fazer isso, pilhas de estoques serão formadas em todos os cantos da fábrica.

Portanto, estabelecer um sistema no qual o processo final pesa requer que transformaremos os métodos de produção de ambos os processos, o precedente e o subsequente.

Passo a passo, resolvi os problemas relacionados ao sistema de retirada pelo processo subsequente. Não havia um manual e só poderíamos descobrir o que aconteceria se tentássemos. As tensões aumentavam diariamente à medida que tentávamos e corrigíamos, e depois tentávamos e corrigíamos outra vez. Repetindo isso, expandi o sistema de retirada pelo processo subsequente dentro da empresa. Os experimentos sempre foram feitos em uma planta dentro da empresa que não lidava com peças requisitadas de fora. A ideia era exaurir primeiro os problemas do novo sistema dentro da empresa.

Em 1963, começamos a tratar da entrega das peças que vinham de fora. Levou quase 20 anos. Hoje, é comum ouvirmos um montador de chassis solicitar à empresa cooperante que traga peças *just-in-time* como se o *just-in-time* fosse o sistema mais conveniente. Porém, se usado para buscar peças que são ordenadas de fora sem primeiro modificar o método de produção na empresa, o *Kanban* imediatamente se torna uma arma perigosa.

O *just-in-time* é um sistema ideal no qual os itens necessários chegam ao lado da linha de produção no momento e na quantidade necessários, ainda que o montador de chassis não possa simplesmente pedir à empresa cooperante para usar esse sistema, porque adotar o *just-in-time* significa alterar completamente o sistema de produção existente. Portanto, uma vez que se decida por ele, deve ser empreendido de forma decisiva e determinada.

Estabelecer a sincronização é a condição básica

Depois da Segunda Guerra Mundial, nossa principal preocupação era como produzir mercadorias com alta qualidade e ajudar as empresas cooperantes nesse sentido. Depois de 1955, contudo, a questão passou a ser como produzir a exata quantidade necessária. Então, depois da crise do petróleo, começamos a ensinar às empresas externas a como produzir mercadorias utilizando o sistema *Kanban*.

Antes disso, o Grupo Toyota orientava as empresas cooperantes quanto aos métodos de trabalho ou de produção, no Sistema Toyota. Parece que as pessoas de fora pensam que o Sistema Toyota e o *Kanban* são a mesma coisa, enquanto o Sistema Toyota de Produção é o método de produção, e o sistema *Kanban*, a forma como ele é administrado.

Assim, até a crise do petróleo, estávamos ensinando os métodos de produção da Toyota, enfatizando como produzir mercadorias, tanto quanto possível, em um fluxo contínuo. Com esse trabalho básico já feito, foi muito fácil orientar as empresas cooperantes da Toyota sobre o *Kanban*.

A menos que se compreenda inteiramente esse método de realizar o trabalho de forma que as coisas fluam, é impossível entrar direto no sistema *Kanban* quando chegar o momento de usá-lo. O grupo Toyota foi capaz de adotá-lo e, de certa forma, digeri-lo, porque a fábrica já compreendia e praticava a ideia de estabelecer a sincronização.

Quando as pessoas não concebem isso, é muito difícil introduzir o sistema *Kanban*.

Quando tentamos, pela primeira vez, utilizar o sistema *Kanban* na linha de montagem final, o fato de ir à oficina de um processo precedente para retirar os itens necessários no momento e na quantidade necessária nunca funcionou. Contudo, isso era apenas natural, e não uma falha da oficina. Compreendemos que o sistema não funcionaria a menos que estabelecêssemos uma sincronia da produção que pudesse dar conta do sistema *Kanban*, voltando processo por processo.

O *Kanban* é uma ferramenta para conseguir o *just-in-time*. Para que essa ferramenta funcione relativamente bem, os processos de produção devem ser administrados de forma a fluírem tanto quanto possível. Essa é realmente a condição básica. Outras condições importantes são nivelar a produção tanto quanto possível e trabalhar sempre de acordo com métodos padronizados de trabalho.

Na fábrica principal da Toyota, a sincronização entre a linha de montagem final e a linha de usinagem foi estabelecido em 1950 e a sincronização começou em pequena escala. Dali em diante, continuamos indo para trás, na direção dos processos iniciais. Gradualmente, lançamos a base para a adoção do *Kanban* em toda a empresa, de forma que o trabalho e a transferência de

30 | Sistema Toyota de Produção

peças pudessem ser feitos sob o sistema *Kanban*. Isso aconteceu aos poucos, ganhando a compreensão de todas as pessoas envolvidas.

Foi somente em 1962 que conseguimos ter o *Kanban* instalado em toda a empresa. Depois de conseguir isso, chamamos as empresas cooperantes e pedimos que o estudassem, observando como realmente funcionava. Essas pessoas nada sabiam sobre *Kanban* e foi difícil fazer com que elas o entendessem sem um livro.

Assim, pedimos às firmas cooperantes mais próximas que viessem, umas poucas de cada vez, para estudar o sistema. Por exemplo, os operadores de prensas de estampagem vieram para ver a operação das nossas prensas e o pessoal da fábrica veio para ver a nossa fábrica. Essa forma de ensinar nos deu a habilidade de desmembrar um método de produção eficiente em uma fábrica real. Na verdade, eles teriam tido dificuldade para entender o sistema sem vê-lo em ação.

Esse esforço de ensino começou com as empresas cooperantes mais próximas e se expandiu até o distrito de Nagoya. Mas, no distrito de Kanto, mais distante, o avanço foi mais lento, em parte pela própria distância. Uma razão maior, no entanto, foi porque os fabricantes de peças do distrito de Kanto estavam fornecendo seus produtos não apenas para a Toyota, mas também para outras empresas. Eles acharam que não podiam usar o sistema *Kanban*; apenas com a Toyota.

Percebemos que isso levaria tempo para que eles compreendessem, e começamos pacientemente. No começo, as firmas cooperantes viam o *Kanban* como problemático. É claro que ninguém da cúpula diretiva se apresentou; nenhum diretor encarregado da produção ou gerente de produção apareceram no início. Geralmente, apareciam encarregados de operação, mas ninguém muito importante.

Acredito que, no começo, muitas empresas vieram sem saber do que se tratava, mas nós queríamos que eles compreendessem o *Kanban* e, se isso não acontecesse, os funcionários da Toyota os ajudavam. As pessoas das empresas próximas compreenderam cedo o sistema, embora enfrentassem resistência nas suas empresas. E hoje é um prazer ver todo esse esforço frutificando.

Use sua autoridade para encorajá-los

No início, todos resistiram ao *Kanban* porque ele parecia contradizer a sabedoria tradicional. Por isso, tive que experimentar o *Kanban* dentro da minha própria esfera de autoridade, tentando evitar, é claro, interferir no trabalho habitual em andamento.

Nos anos 40, eu era encarregado da oficina e da linha de montagem, e na época havia apenas uma fábrica. Ao final da disputa trabalhista de 1950,

Capítulo 2 · Evolução do Sistema Toyota de Produção | **31**

havia dois departamentos de produção na fábrica principal, N° 1 e N° 2. Eu gerenciava o último. O *Kanban* não podia ser empreendido no N° 1 porque seus processos de forja de fundição afetariam a fábrica inteira; ele só poderia ser aplicado nos processos de usinagem e montagem do N° 2.

Em seguida, tornei-me gerente da fábrica Motomachi quando ela foi terminada em 1959, e comecei a experimentar o *Kanban* aí. Mas, uma vez que as matérias-primas vinham da planta principal, o *Kanban* só podia ser usado entre a usinagem, as prensas e a linha de montagem.

Em 1962, fui nomeado gerente da fábrica principal. Só então o *Kanban* foi implementado na forja e na fundição, fazendo com que ele, finalmente, se tornasse um sistema utilizado em toda a planta.

Demorou 10 anos para estabelecer o *Kanban* na Toyota Motor Company. Embora pareça ser muito tempo, penso que foi natural, porque estávamos introduzindo conceitos completamente novos. Foi, sem dúvida, uma experiência valiosa.

Para fazer com que o *Kanban* fosse compreendido por toda a empresa, tive que envolver todos. Se o gerente do departamento de produção entendesse o sistema e os operários não, o *Kanban* não teria funcionado. No nível da supervisão, as pessoas pareciam bastante perdidas porque estavam aprendendo algo totalmente diferente da prática convencional.

Eu podia gritar com um supervisor sob a minha jurisdição, mas não com um do departamento próximo. Assim, fazer com que as pessoas de todos os cantos da fábrica compreendessem naturalmente levou muito tempo.

Durante esse período, o principal administrador da Toyota era um homem de grande visão que, sem dizer uma palavra, deixou a operação totalmente a meu encargo. Quando eu estava – praticamente à força – pressionando os supervisores da fábrica para que entendessem o *Kanban,* meu chefe recebeu um número considerável de reclamações. Elas expressavam o sentimento de que o "tal de Ohno" estava fazendo algo completamente ridículo e devia ser impedido de continuar. Isso deve, às vezes, tê-lo colocado numa posição difícil, mas, mesmo assim, confiou em mim, não me foi ordenado parar e, por isso, sou muito grato.

Em 1962, o *Kanban* foi adotado em toda a empresa e o sistema ganhou o seu reconhecimento. Depois disso, entramos em um período de alto crescimento – o momento era excelente. Penso que a expansão gradual do *Kanban* tornou possível o grande rendimento da produção.

Enquanto estava encarregado da linha de montagem, aplicava nela o sistema *just-in-time*. Os processos mais importantes para a montagem eram os processos precedentes de usinagem e de pintura da carcaça.

As carcaças vinham da seção de estamparia. O processo de usinagem foi difícil de ligar, via *Kanban*, à seção de matérias-primas, mas estávamos satisfeitos por acumular experiência à medida que trabalhávamos para li-

32 | Sistema Toyota de Produção

gar todo o processo de usinagem. Esse período foi valioso porque pudemos identificar as inadequações do *Kanban*.

As montanhas devem ser baixas e os vales devem ser rasos

Para fazer a segunda regra do *Kanban* funcionar (fazer com que o processo precedente produza apenas a quantidade retirada pelo processo subsequente), a força de trabalho e o equipamento em cada processo de produção deve estar preparado, em todos os aspectos, para produzir as quantidades necessárias no momento necessário.

Nesse caso, se o processo subsequente faz retiradas irregulares em termos de tempo e de quantidade, o processo precedente deve ter mão-de-obra e equipamento adicionais para aceitar esses pedidos, o que se torna uma carga pesada. Quanto maior a flutuação na quantidade retirada, tanto mais capacidade excedente é requerida pelo processo precedente.

Para tornar as coisas piores, o Sistema Toyota de Produção é ligado via sincronização, não apenas à cada processo de produção dentro da Toyota Motor Company, mas também aos processos de produção das empresas cooperantes fora da Toyota que utilizam o *Kanban*. Por causa disso, flutuações na produção e nos pedidos no processo final da Toyota têm um impacto negativo sobre todos os processos precedentes.

Para evitar a ocorrência de tais ciclos negativos, o grande produtor de chassis, especificamente a linha de montagem automotiva final da Toyota (o "primeiro processo"), deve rebaixar os picos e elevar os vales na produção tanto quanto possível, de forma que a superfície do fluxo seja suave. No Sistema Toyota de Produção, isso é chamado de nivelamento da produção, ou suavização de carga.

Idealmente, o nivelamento deveria resultar em flutuação zero na linha de montagem final, ou no último processo. Contudo, isso é muito difícil, porque mais de 200 mil carros saem mensalmente das diversas linhas de montagem da Toyota, numa quantidade quase infinita de variedades.

A quantidade de variedades chega aos milhares apenas ao se considerar as combinações de tamanhos e estilos, tipo de carroseria, tamanho do motor e método de transmissão. Se incluirmos cores e combinações de várias opções, raramente veremos carros totalmente idênticos.

Os valores e os desejos diversos da sociedade moderna podem ser vistos com clareza na variedade de carros. De fato, é certamente essa diversidade que reduziu a efetividade da produção em massa na indústria automobilística. Ao se adaptar à diversidade, o Sistema Toyota de Produção tem sido muito mais eficiente do que o sistema fordista de produção em massa desenvolvido nos Estados Unidos.

O Sistema Toyota de Produção foi originalmente concebido para produzir pequenas quantidades de muitos tipos para o ambiente japonês. Consequentemente, com essa base, ele evoluiu para um sistema de produção que pode enfrentar o desafio da diversificação.

Enquanto o sistema tradicional de produção planejada em massa não responde facilmente à mudança, o Sistema Toyota de Produção é muito elástico e pode enfrentar as difíceis condições impostas pelas diversas exigências do mercado e digeri-las. O Sistema Toyota de Produção tem a flexibilidade para fazer isso.

Depois da crise do petróleo, as pessoas começaram a prestar atenção ao Sistema Toyota de Produção. Gostaria de deixar claro que a razão para isso está na insuperada flexibilidade do sistema para se adaptar a condições variantes. Essa capacidade é a origem da sua força, mesmo em um período de baixo crescimento em que a quantidade não aumenta.

Desafio ao nivelamento da produção

Vou contar uma história sobre um caso específico de nivelamento da produção. Na planta Tsutsumio da Toyota, a produção é nivelada em duas linhas de montagem que fazem carros de passeio: Corona, Carina e Celica.

Em uma linha, o Corona e o Carina fluem alternadamente. Eles não fazem Coronas pela manhã e nem Carinas à tarde. Isso é para manter uma carga nivelada. O tamanho do lote para peças é mantido tão pequeno quanto possível e muito cuidado é tomado para evitar gerar flutuação indesejada nos processos iniciais.

Mesmo a produção de grandes quantidades de Coronas é nivelada. Suponha, por exemplo, que produzimos 10.000 Coronas em 20 dias por mês. Imagine que isso é escalonado em 5.000 sedans, 2.500 *hardtops* e 2.500 caminhonetes. Isso significa que 250 sedans, 125 *hardtops* e 125 caminhonetes são feitos diariamente. Esses são distribuídos na linha de produção da seguinte forma: um sedan, um *hardtop,* depois um sedan, depois uma caminhonete, e assim por diante. Desse modo, o tamanho do lote e a flutuação na produção podem ser minimizados.

A produção finalmente ajustada realizada na linha de montagem final de automóveis é o processo de produção em massa da Toyota. O fato de que esse tipo de produção pode ser feito demonstra que processos tais como a seção de prensa de matriz podem se ajustar ao novo sistema depois de se desligarem do sistema tradicional de produção em massa planejada.

No começo, a ideia de nivelar para reduzir o tamanho do lote e minimizar a produção em massa de itens isolados colocava uma demanda muito pesada na seção de prensa de matriz. Um fato longamente aceito pela produção era que produzir continuamente com uma matriz na prensa diminui os custos. Produzir lotes os maiores possíveis prensar continuamente a prensa era considerado senso comum.

O Sistema Toyota de Produção, porém, exige produção nivelada e os menores lotes possíveis, mesmo que isso pareça contrário à sabedoria convencional. De fato, como foi que a seção de prensa de matriz enfrentou esse problema?

Produzir em pequenos lotes significa que não podemos operar com uma prensa por muito tempo. Para responder à estonteante variedade nos tipos de produto, a matriz deve ser mudada com frequência. Consequentemente, os procedimentos de troca de ferramentas devem ser executados rapidamente.

O mesmo é verdadeiro para outras seções de máquinas, ao longo de todo o percurso até os processos iniciais. Mesmo as empresas cooperantes fornecedoras de peças estão usando palavras de alerta como "reduza o tamanho do lote" e "reduza o tempo de troca de ferramentas" – ideias completamente contrárias às práticas do passado.

Na década de 40, as trocas de matrizes na Toyota levavam de duas a três horas. À medida que o nivelamento da produção se espalhou pela empresa nos anos 50, os tempos de troca de ferramentas diminuíram para menos de uma hora e até tão pouco quanto 15 minutos. No final da década de 60, havia baixado para menos de três minutos.

Em resumo, a necessidade das trocas rápidas de matrizes foi criada e medidas foram tomadas para eliminar os ajustes – algo nunca discutido nos manuais de operação anteriores. Para fazer isso, todos contribuiram com ideias enquanto os operários eram treinados para reduzir os tempos de troca de ferramentas e de matrizes. Dentro da Toyota Motor Company e suas firmas cooperadoras, o desejo das pessoas de atingir o novo sistema se intensificou incrivelmente. O sistema se tornou o produto de seus esforços.

Nivelamento da produção e diversificação do mercado

Como já mencionei, o nivelamento da produção é muito mais vantajoso do que o sistema de produção em massa planejado para responder às diversas exigências do mercado de automóveis.

Podemos dizer isso com confiança. Em termos gerais, entretanto, a diversificação do mercado e o nivelamento da produção não estarão necessariamente harmonizados desde o início. Eles têm aspectos que não se coadunam um ao outro.

É inegável que o nivelamento se torna mais difícil à medida que se desenvolve a diversificação. Contudo, desejo mais uma vez enfatizar que, com esforço o Sistema Toyota de Produção pode lidar muito bem com isso. Para manter a diversificação do mercado e o nivelamento da produção em harmonia, é importante evitar o uso de instalações e de equipamentos dedicados que poderiam ter maior utilidade geral.

Por exemplo, tomando o Corolla, o carro que teve a maior produção em massa em 1978, um plano de produção definido pode ser estabelecido numa base mensal. O total de carros necessários pode ser dividido pelo número de dias de trabalho (o número de dias em que a produção real pode ser realizada) para nivelar o número de carros a ser produzido por dia.

Na linha de produção, tem que ser feito um nivelamento ainda mais sofisticado. Permitir que sedans ou coupés fluam continuamente durante um intervalo de tempo fixo é contrário ao nivelamento, porque se permite que o mesmo item flua em um lote. É claro que se fossem usadas duas linhas de produção, uma para os sedans e outra para os coupés, exclusivamente, o nivelamento seria mais fácil.

Mas isso não é possível por causa das restrições de espaço e de equipamento. O que pode ser feito? Se uma linha de produção é estabelecida de forma que tanto sedans como coupés possam ser montados em sequência, então o nivelamento será possível.

Por essa perspectiva, a produção em massa usando instalações dedicadas, que já foi a arma mais potente na redução de custos, não é necessariamente a melhor escolha. De crescente importância são os esforços para montar processos de produção especializados, mas mesmo assim versáteis, através do uso de máquinas e de montagens que possam trabalhar quantidades mínimas de materiais. É preciso um maior esforço para encontrar as instalações e os equipamentos mínimos necessários para uso geral. Para fazer isso, devemos utilizar todo o conhecimento disponível para evitar solapar os benefícios da produção em massa.

Estudando cada processo dessa forma, podemos manter a diversificação e o nivelamento da produção em harmonia e ainda atender aos pedidos dos clientes em tempo. À medida que as exigências do mercado se tornam mais diversificadas, devemos colocar mais ênfase nesse ponto.

O *Kanban* acelera as melhorias

Sob a sua primeira e segunda regras, o *Kanban* serve como um pedido de retirada, um pedido de transporte ou de entrega ou ainda como uma ordem de fabricação. A regra três do *Kanban* proíbe que se retire qualquer material ou que se produza qualquer mercadoria sem um *Kanban* em conjunto com a regra quatro que requer que um *Kanban* seja afixado às mercadorias. A de número cinco exige produtos 100% livres de defeitos (ou seja, que não se envie peças defeituosas para o processo subsequente). A regra seis pede a redução do número de *Kanbans*. Quando essas regras são fielmente praticadas, o papel do *Kanban* se expande.

O *Kanban* é sempre movido juntamente com as mercadorias necessárias e, assim, torna-se uma ordem de fabricação para cada processo. Dessa forma, um *Kanban* pode evitar a superprodução, que é a maior perda na produção.

Para garantir que teremos produtos 100% livres de defeitos, devemos estabelecer um sistema que automaticamente nos informe se qualquer processo estiver gerando produtos defeituosos, quer dizer, um sistema no qual o processo gerador de produtos defeituosos possa ser reprimido. Esse é realmente o ponto em que o sistema *Kanban* é inigualável.

Processos de produção em um sistema *just-in-time* não precisam de estoques adicionais. Assim, se o processo anterior gerar peças defeituosas, o processo seguinte deve parar a linha. Além do mais, todos vêem quando isso ocorre e a peça defeituosa é levada de volta ao processo anterior. Esta é uma situação embaraçosa* cujo objetivo é impedir a recorrência de tais defeitos.

Se o significado de "defeituoso" for além de peças defeituosas e incluir trabalho defeituoso, então o significado da expressão "produtos 100% livres de defeitos" se torna mais clara. Em outras palavras, a padronização e a racionalização[3] insuficientes criam desperdício *(muda)*, inconsistência *(mura)* e despropósito *(muri)* nos procedimentos de trabalho e nas horas de trabalho que, eventualmente, levam à produção de produtos defeituosos.

A menos que esse trabalho defeituoso seja reduzido é difícil assegurar um fornecimento adequado para ser retirado pelo processo posterior ou atingir o objetivo de produzir tão barato quanto possível. Os esforços para estabilizar e racionalizar completamente os processos são a chave para a bem-sucedida implementação da automação. É somente com esses fundamentos que o nivelamento da produção pode ser efetivo.

É preciso um grande esforço para praticar as seis regras do *Kanban* discutidas acima. Na realidade, a prática dessas regras significa nada menos do que a adoção do Sistema Toyota de Produção como o sistema de gestão de toda a empresa.

Introduzir o *Kanban* sem efetivamente praticar essas regras não trará nem o controle esperado do *Kanban* nem a redução dos custos. Assim, uma introdução parcial do *Kanban* traz uma centena de malefícios, mas nem um ganho sequer. Qualquer um que reconheça a efetividade do *Kanban* como

---

* N. de R.T.: A devolução de uma peça defeituosa é embaraçosa porque, na cultura japonesa, a perfeição tem uma conotação ético-moral muito forte. Então, como o operário só deve produzir peças perfeitas, quando ele não o faz é exposto ao ridículo perante o grupo, uma vez que a sua imperfeição foi tornada pública. Para os japoneses esta é, realmente, uma situação muito embaraçosa. Por causa disso, o trabalhador, qualquer que seja o seu nível, vai sempre dar mais do que o melhor de si para produzir sem defeitos.

Capítulo 2 • Evolução do Sistema Toyota de Produção | 37

uma ferramenta de gestão da produção para reduzir custos deve estar determinado a observar as regras e a superar todos os obstáculos.

Diz-se que o aperfeiçoamento é eterno e infinito. Deve ser o dever daqueles que trabalham com o *Kanban* aperfeiçoá-lo constantemente com criatividade e inteligência, sem permitir que ele se torne cristalizado em qualquer estágio.

Carrinhos de transporte como *Kanban*

Descrevi o *Kanban* como uma folha de papel dentro de um envelope retangular de vinil. Um papel importante do *Kanban* é fornecer as informações que ligam os processos anterior e posterior em todos os níveis.

Um *Kanban* sempre acompanha os produtos e, portanto, é o instrumento de comunicação essencial para a produção *just-in-time*. No caso descrito a seguir, o *Kanban* funciona ainda mais efetivamente quando associado a carrinhos de transporte.

Na fábrica principal da Toyota, um carrinho de transporte com capacidade de carga limitada é usado para recolher os motores e as transmissões que serão montados na linha de montagem final. Um *Kanban*, por exemplo, é afixado ao motor transportado nesse carrinho.

O carrinho por si só desempenha simultaneamente o papel de um *Kanban*. Assim, quando é atingido o número padrão de motores ao lado da linha de montagem final (de três a cinco unidades), o operário da seção que acopla o motor ao veículo leva o carrinho de transporte vazio para o ponto de montagem do motor (o processo anterior), pega um carrinho carregado com os motores necessários e deixa o carrinho vazio.

Em princípio, um *Kanban* deveria ser afixado. Nesse caso, porém, mesmo que o próprio *Kanban* não seja afixado ao carrinho, os processos anterior e posterior podem se comunicar entre si, decidir sobre o número de carrinhos a ser usado e acertar as regras de retirada e movimentação de forma que a mesma efetividade possa ser atingida pelo simples uso de placas numeradas.

Por exemplo, quando não há carrinho vazio na linha de montagem da unidade, não há onde colocar unidades terminadas. A superprodução é automaticamente verificada, mesmo se alguém quiser produzir mais. A linha de montagem final tampouco pode manter qualquer estoque adicional além daquilo que está nos carrinhos de transporte.

À medida que a ideia básica do *Kanban* se propaga por todas as linhas de produção, muitos instrumentos como os carrinhos de transporte podem ser criados. Entretanto, não devemos nos esquecer de sempre usar os princípios do *Kanban*.

Usarei outro exemplo. Em uma fábrica de automóveis, correntes transportadoras são usadas como uma forma de racionalizar ou melhorar o transporte. As peças podem estar penduradas na corrente enquanto estão sendo pintadas ou carregadas para a linha de montagem. Não é necessário mencionar, é claro, que nenhuma peça pode ser pendurada na corrente sem um *Kanban* no gancho.

Quando muitos tipos de peças são carregadas por essa corrente transportadora, os indicadores das peças necessárias são afixados aos ganchos em intervalos regulares, a fim de eliminar qualquer erro no tipo de peça, na quantidade ou no tempo em que é necessária. Assim, instalar uma forma de transportar apenas as peças indicadas permite estabelecer, de forma regular, a entrega e a retirada das peças necessárias. A sincronização da produção é mantida pela circulação dos indicadores de peças com a corrente.

A natureza elástica do *Kanban*

Gostaria de dar outro exemplo que demonstra o verdadeiro significado do *Kanban*.

O eixo da hélice* é uma peça importante do carro que, esporadicamente, causa problemas na montagem. Para impedir uma rotação irregular, os operários afixam pequenos pedaços de ferro, como pesos de balanceamento, durante o estágio de acabamento.

Existem cinco tipos de pesos de balanceamento. Um pedaço de ferro adequado para um determinado grau de desbalanceamento no eixo da hélice é selecionado entre os cinco tipos e afixado. Se não há desbalanceamento, nenhum peso de balanceamento é necessário.

Em alguns casos, muitos pedaços de ferro precisam ser afixados. A quantidade de diferentes pesos usados é irregular. Diferentemente das peças comuns, a quantidade necessária não é conhecida quando o plano de produção é escrito. Assim, com essas peças, a menos que a produção seja bem administrada, pode surgir uma necessidade urgente, enquanto que em outros casos, um estoque desnecessário pode ser acumulado.

Poderíamos dizer que esse não é um problema sério, porque se trata apenas de um pequeno pedaço de ferro, entretanto, na realidade, é um grande problema, porque trabalhadores indiretos adicionais podem ser mantidos ociosos. Este é outro desafio para sistema *Kanban* da Toyota.

O *Kanban* deve funcionar efetivamente para manter o *just-in-time* na fábrica. E para que o *Kanban* seja efetivo, a estabilização e a sincronização da produção são condições indispensáveis. Algumas pessoas, contudo, pensam

---

* N. de R.T.: Ohno deve estar se referindo ao eixo da hélice do radiador.

que o *Kanban* só pode ser usado para administrar peças processadas em quantidades diárias estáveis – mas isso é um erro. Outros pensam que o *Kanban* não pode ser usado sem uma retirada regular de peças. Este também é um pensamento equivocado.

O *Kanban* foi introduzido para gerenciar o problema dos pesos de balanceamento, um dos processos mais difíceis na produção de automóveis. Uma vez que a quantidade não era estável, o primeiro passo para gerenciar efetivamente a produção, a transferência e o uso dos pesos de balanceamento foi saber, em cada momento, quantos dos cinco pesos eram mantidos em cada processo. Com essas quantias em mente, tínhamos de encontrar uma forma de acionar a produção ou a transferência, de modo a evitar o surgimento de uma necessidade urgente ou de um estoque excessivo.

E qual foi o resultado? Afixando-se um *Kanban* aos pesos de balanceamento usados, os tipos e as quantidades disponíveis podiam ser precisamente identificados. Com o *Kanban* circulando entre os processos, a produção e a transferência das peças podiam ser iniciadas na sequência necessária a cada momento. Como resultado, os estoques dos cinco pesos foram mantidos constantes e, por fim, drasticamente reduzidos.

O sistema *Kanban* não é inflexível ou rígido. Como demonstra a experiência da Toyota com os pesos de balanceamento, o *Kanban* é uma ferramenta efetiva mesmo para o gerenciamento de peças especiais, em que a quantidade utilizada é instável, e no qual *Kanban* pode parecer, a princípio, inaplicável.

Desenvolvimento ulterior

Um sistema nervoso autonômico na organização empresarial

Uma organização empresarial é como o corpo humano. O corpo humano contém nervos autonômicos que funcionam independentemente dos desejos e dos nervos motores que reagem aos comandos humanos para controlar os músculos. O corpo humano tem uma estrutura e uma operação impressionantes; o sofisticado equilíbrio e a precisão com que as partes do corpo se ajustam no todo são algo ainda mais maravilhoso.

No corpo humano, o nervo autonômico nos faz salivar quando vemos uma comida saborosa. Ele acelera nossos batimentos cardíacos durante os exercícios físicos de modo a ativar a circulação. Ele desempenha ainda outras funções similares que respondem automaticamente a mudanças no corpo. Essas funções, por sua vez, são desempenhadas inconscientemente sem qualquer orientação do cérebro.

Diante disso, na Toyota, começamos a pensar sobre como instalar um sistema nervoso autonômico na nossa própria organização empresarial que crescia rapidamente. Em nossa planta de produção, um nervo autonômico significa fazer julgamentos autonomamente no nível mais baixo possível; por exemplo, quando parar a produção, que sequência seguir na fabricação de peças, ou quando é preciso horas extras para produzir determinada quantidade necessária.

Essas discussões podem ser feitas pelos próprios operários da fábrica, sem precisar consultar os departamentos de planejamento e controle da produção ou de engenharia, os quais correspondem ao cérebro no corpo humano. Assim, a fábrica deve ser um lugar onde esses julgamentos possam ser feitos pelos operários autonomamente.

No caso da Toyota, creio que este sistema nervoso autonômico cresceu à medida que a ideia do *just-in-time* penetrou ampla e profundamente na área de produção e que a aderência às regras aumentou, com o uso do *Kanban*. Ao passo que eu pensava sobre a organização empresarial e os nervos autonômicos no corpo humano, os conceitos começaram a se interrelacionar, a se sobrepor e a agitar minha imaginação.

Na prática empresarial diária, o departamento de planejamento e controle da produção, como centro de operações, envia diversos planos, os quais devem ser, então, continuamente modificados. Sendo o departamento que afeta diretamente o presente e o futuro de uma empresa, poderíamos dizer que ele corresponde à coluna vertebral do corpo humano.

Os planos mudam muito facilmente. Os negócios mundiais nem sempre se desenvolvem conforme o planejado e as ordens devem mudar rapidamente em resposta às mudanças das circunstâncias. Se alguém se prende à ideia de que uma vez estabelecido um plano, esse não deve ser modificado, a empresa não poderá existir por muito tempo.

Diz-se que quanto mais firme a coluna vertebral, tanto mais facilmente ela se curva. Essa elasticidade é importante. Se algo der errado e a coluna for engessada, essa área vital ficará rígida e parará de funcionar. Assim, fixar-se a um plano uma vez que ele esteja estabelecido é como engessar o corpo humano, não é saudável.

Algumas pessoas acham que os acrobatas devem ter ossos macios, mas isso não é verdade – acrobatas não são moluscos. Suas colunas fortes, flexíveis, permitem que façam movimentos surpreendentes.

A coluna de uma pessoa mais velha, como eu, não se curva facilmente. E, uma vez curvada, não retorna à precisão anterior com rapidez. Este é, definitivamente, um fenômeno do envelhecimento. Observemos o mesmo fenômeno em uma empresa.

Penso que uma empresa deveria ter reflexos que pudessem responder instantânea e suavemente às pequenas mudanças no plano sem ter que ir ao cérebro. É semelhante ao reflexo de piscar os olhos quando há poeira ou da ação reflexa de uma mão que se afasta rapidamente quando toca alguma coisa quente.

Quanto maior uma empresa, melhores os reflexos de que ela precisa. Se uma pequena mudança em um plano deve ser acompanhada de uma ordem do cérebro para que funcione (por ex., o departamento de planejamento e controle da produção emitindo ordens de fabricação e formulários de mudança no plano), a empresa será incapaz de evitar queimaduras ou ferimentos e perderá grandes oportunidades.

A construção de um mecanismo de sintonia fina na empresa de forma que a mudança não seja sentida como mudança é como implantar um reflexo nervoso no corpo. Anteriormente, eu disse que o controle visual é possível atualizar através do *just-in-time* e da autonomação. Acredito firmemente que um reflexo nervoso industrial pode ser instalado através do uso desses dois pilares do Sistema Toyota de Produção.

Forneça a informação necessária quando for necessário

Salientei que uma mente "agrícola" funcionando na era industrial causa problemas. Mas será então que deveríamos, num único, salto passar a uma mente "computadorizada"? A resposta é não. Deveria haver uma mente "industrial" entre as mentes agrícola e computadorizada.

O computador é realmente uma grande invenção. Havendo computadores, é um desperdício fazer contas à mão. A sabedoria convencional dita que tal tarefa deve ser feita por computadores. Na realidade, entretanto, a situação parece ser diferente. Enquanto pretendemos que os seres humanos os controlem, os computadores se tornaram tão rápidos que agora parece que as pessoas são controladas pela máquina.

Será realmente econômico fornecer mais informações do que precisamos – mais rapidamente do que precisamos? Isto é, comprar uma máquina grande de alto desempenho que produz muito. Os itens extras devem ser estocados em um depósito, o que aumenta os custos.

Muito do excesso de informações geradas por computadores não é de modo algum necessário para a produção. Receber informações muito rapidamente resulta na entrega precoce de matérias-primas, causando desperdício, ou seja, informação em excesso lança confusão na área de produção.

A mente industrial extrai conhecimento do pessoal da fabricação, dá o conhecimento às máquinas que funcionam como extensões das mãos e dos pés dos operários e desenvolve o plano de produção para toda a fábrica, incluindo as firmas cooperantes externas.

O sistema de produção em massa dos Estados Unidos tem usado computadores extensa e efetivamente. Na Toyota, não rejeitamos o computador, porque ele é essencial para planejar os procedimentos de sincronização da produção e calcular o número de peças necessárias diariamente. Usamos o computador livremente, como uma ferramenta, e tentamos não ser manipulados por ele. Mas rejeitamos a desumanização causada pelos computadores e a forma com que podem conduzir a custos mais altos.

A produção *just-in-time* da Toyota é uma forma de entregar à linha da produção exatamente o que ela precisa quando é preciso, cujo método não requer estoques extras. De modo semelhante, queremos informações apenas quando elas são necessárias. As informações enviadas à produção devem ser exatamente programadas no tempo.

Um computador realiza cálculos instantâneos que antes demoravam uma hora. Seu tempo é incompatível com o das pessoas. Podemos ser conduzidos a situações totalmente inesperadas se não compreendermos isso. O processamento por computador de pedidos de clientes e de informações sobre as necessidades e os desejos do mercado pode ser muito efetivo. Porém, a informação necessária para fins de produção, embora se chegue a ela gradualmente, não é necessária com 10 ou 20 dias de antecedência.

Uma mente industrial deve ser muito realista – e realismo é o que está na base do Sistema Toyota de Produção.

O sistema de informação estilo Toyota

A Toyota faz, é claro, programas de produção como outras empresas. Simplesmente porque produzimos *just-in-time* em resposta às necessidades do mercado, ou seja, aos pedidos que vêm da Toyota Automobile Sales Company, não significa que podemos operar sem planejar. Para se obter uma operação tranquila, o programa de produção da Toyota e o sistema de informação devem estar estreitamente relacionados.

Em primeiro lugar, a Toyota Motor Company tem um plano anual. Isso significa o número aproximado de carros – por exemplo, 2 milhões – a ser produzido e vendido durante o ano corrente.

Em seguida, existe a programação mensal da produção. Por exemplo, os tipos e as quantidades de carros que serão produzidos em março são antes anunciados internamente e, em fevereiro, uma programação mais detalhada é estabelecida. Ambas as programações são enviadas às firmas cooperantes externas à medida que são desenvolvidas. Com base nesses planos, a programação diária da produção é determinada em detalhe, incluindo o nivelamento da produção.

No Sistema Toyota de Produção, o método de estabelecer essa programação diária é importante. Durante a última metade do mês anterior, cada linha de produção é informada da quantidade de produção diária para cada tipo de produto. Na Toyota, isso é denominado de nível diário. Por outro lado, a sequência diária programada é enviada a apenas um lugar – a linha de montagem final. Esta é uma característica especial do sistema de informação da Toyota. Em outras empresas, a informação da programação é enviada para todos os processos de produção.

É assim que o sistema de informação da Toyota funciona na produção: quando os operários da linha de produção utilizam peças ao lado da linha de montagem, eles retiram o *Kanban*. O processo precedente faz tantas peças quantas forem usadas, eliminando a necessidade de uma programação especial da produção. Em outras palavras, o *Kanban* funciona como um pedido de produção para os processos anteriores.

Por exemplo, a figura a seguir mostra a linha de montagem final do corpo em uma fábrica de automóveis. Cada processo de submontagem está ligado

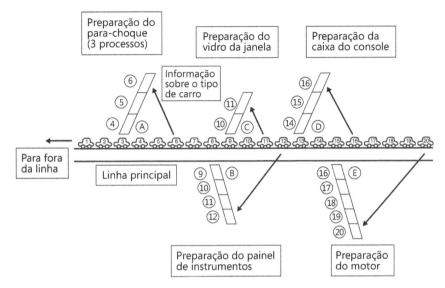

Figura 3.1 Linha de montagem do automóvel.

à linha principal no meio para formar a linha de produção. Os números na figura são os números de passagem dos carros. Assim, o carro nº 1 está saindo da linha e o carro nº 20 acaba de entrar no processo nº 1.

A ordem de produção, ou programação sequenciada, é emitida para o processo nº 1 para cada carro (neste exemplo, as especificações para o carro nº 20 são emitidas). O operário no processo nº 1 prende uma folha de papel (ordem de produção) neste carro com todas as informações necessárias para a sua produção (ou seja, a informação que indica qual o tipo de carro que é). Desse modo, os operários nos processos posteriores ao processo nº 2 sabem quais peças usar na montagem ao olhar para o carro.

Os operários nos subprocessos também sabem o que fazer tão logo possam ver o carro. Se o veículo não estiver visível por estar atrás de colunas ou de maquinário, a informação é passada por *Kanban* da seguinte forma:

Suponha que os para-choques estejam sendo montados na linha principal no processo A. Vamos chamar o processo em que os para-choques são preparados de subprocesso 3. O processo A precisa saber que tipo de para-choque vai no carro 6. Portanto, o processo na linha de montagem principal que está montando o carro 6 passa a informação ao processo A em um *Kanban*. Nenhuma outra informação é necessária.

Computadores poderiam passar essas informações para cada processo quando necessário. A instalação dos computadores, no entanto, requer equipamentos e fiação que não são apenas caros como também frequentemente não confiáveis. Com os computadores de hoje, as informações do carro nº 20 são enviadas simultaneamente ao Processo A e à linha principal. Mas, naquele momento, o processo A só precisa de informações sobre o carro nº 6; não sobre o carro nº 20.

O excesso de informação nos induz a produzir antecipadamente e pode também causar uma confusão na sequência. Partes podem não ser produzidos quando necessárias ou podem ser feitas em demasia, algumas das quais com defeitos. Por fim, se torna impossível fazer uma simples mudança na programação da produção.

Nos negócios, o excesso de informação deve ser contido. A Toyota contém esse excesso deixando que os produtos que estão sendo produzidos carreguem a informação.

Ajuste fino

Ajustes automáticos são um efeito importante na produção se organizarmos o sistema de informação da maneira há pouco descrita.

Com as previsões de mercado e o automóvel em geral, as quantidades e os tipos de produtos mudam constantemente com ou sem uma grande crise econômica. Para lidar com um mercado em constante flutuação, a linha de produção deve ser capaz de responder a mudanças na programação. Na realidade, entretanto, o sistema de informações e as restrições na produção tornam a mudança relativamente difícil.

Uma característica importante do *Kanban* é que, dentro de certos limites, ele faz ajustes finos automaticamente. Uma linha não tem programações detalhadas de antemão e, assim, não sabe que tipo de carro montar até que o *Kanban* seja removido e lido. Por exemplo, ela pode antecipar quatro carros A e seis carros B para um total de dez carros, mas, no fim, a proporção pode acabar sendo o inverso: seis carros A e quatro carros B.

Proporções invertidas, contudo, não fazem com que alguém circule anunciando a mudança. Ela acontece simplesmente porque o processo de produção segue a informação contida no *Kanban*. Seu valor está no fato de que permite que esse grau de mudança seja passado automaticamente. Se ignorarmos as flutuações do mercado e falharmos em fazer os ajustes necessários, mais cedo ou mais tarde teremos de fazer uma grande mudança na programação.

Por exemplo, por manter um programa de produção por três meses, apesar de uma queda brusca de 5 a 10% nas vendas, poderemos ser forçados a cortar, de uma só vez, a produção em 30 a 40%, quatro ou cinco meses mais tarde à guisa de ajuste de estoque. Isso causaria problemas não só dentro da empresa, como também nas firmas fornecedoras. Quanto maior o negócio, maior o impacto social, e isto poderia ser um sério problema.

Manter um programa uma vez que esteja estabelecido sem atenção às circunstâncias, e as coisas são feitas numa economia controlada (ou planejada). Não acredito que os ajustes finos na produção, tornados possíveis pelo uso do *Kanban*, funcionarão em economias controladas nas quais os planos iniciais de produção nunca variam.

Enfrentando mudanças

O termo "ajuste fino" possui um significado oculto que deveria ser compreendido especialmente pela alta administração. Todo mundo sabe que as coisas nem sempre acontecem de acordo com o planejado. Mas, existem pessoas no mundo que, precipitadamente, tentam forçar uma programação mesmo sabendo que ela possa ser impossível. Elas dirão "é bom seguir a programação" ou "é uma pena mudar o plano" e farão qualquer coisa para fazê-la funcionar. Todavia, como não podemos prever o futuro com exatidão, nossas ações deveriam mudar a fim de se adaptar a situações mutantes. Na indústria, é importante capacitar o pessoal da produção para lidar com mudanças e para pensar flexivelmente.

Eu mesmo, durante muito tempo, lutei com um sistema de produção não facilmente compreendido pelos outros. Olhando para o caminho que persistentemente trilhei, acredito que posso recomendar com segurança: "corrija um erro imediatamente – apressar-se e não dar-se o tempo necessário para corrigir um problema causa perda de trabalho mais tarde." E eu também digo: "Espere pela oportunidade certa", ideias que surgiram do *Kanban*, a ferramenta que nos afasta do fracasso e do mau julgamento.

Creio que o papel dos ajustes finos não é apenas indicar se uma mudança na programação significa um "continue" ou um "pare temporariamente", mas é também para nos capacitar a descobrir por que ocorreu uma parada e como fazer os ajustes finos necessários para fazer o processo andar de novo. O Sistema Toyota de Produção ainda não é perfeito. É preciso desenvolver mais os ajustes finos.

Eu, naturalmente, prefiro uma economia livre a uma economia controlada. Hoje, porém, o valor da empresa privada é frequentemente questionado e é imperativo que todos sejam qualificados e flexíveis o suficiente para fazer ajustes finos quando eles são necessários.

O que é uma verdadeira economia

"Economia" é uma palavra usada diariamente, mas raramente compreendida, mesmo pelas empresas. Especialmente nas empresas, a busca pela verdadeira economia tem relação direta com a sua sobrevivência. Portanto, devemos considerar este ponto com seriedade.

No Sistema Toyota de Produção, pensamos a economia em termos de redução da força de trabalho e de redução de custos. A relação entre esses dois elementos fica mais clara se considerarmos uma política de redução da mão-de-obra como um meio para conseguir a redução de custos, que é a mais crítica das condições para a sobrevivência e para o crescimento de uma empresa.

A redução da força de trabalho na Toyota é uma atividade que atinge toda a empresa e tem por fim a redução de custos. Portanto, todas as considerações e ideias de melhoria devem estar relacionadas à redução de custos. Dizendo isso ao contrário, o critério de todas as decisões é se a redução de custos pode ou não ser atingida.

Dois outros aspectos na redução de custos são julgar o que é mais vantajoso, A ou B, e selecionar qual é a mais econômica e vantajosa entre as diversas alternativas A, B, C, e assim por diante.

Consideramos, em primeiro lugar, o ato de julgar. Frequentemente, surgem problemas quando se está julgando a melhor de duas opções. Por exemplo, um determinado produto deve ser feito internamente ou comprado externamente? Ao produzir um determinado produto, devemos comprar máquinas exclusivamente para aquele fim ou utilizar uma máquina de múltiplas finalidades que já temos?

Não devemos ser tendenciosos ao fazer tais julgamentos. Faça uma observação fria da situação na sua área. Não baseie seu julgamento numa única análise de custos e conclua que seria mais barato comprar de fora do que fazer internamente.

Na seleção, podemos considerar muitos métodos para conseguir a redução da força de trabalho. Por exemplo, podemos comprar máquinas automatizadas, alterar a combinação do trabalho ou mesmo considerar a compra de robôs. Existem inúmeras formas para atingir um objetivo quando se está perseguindo tais ideias de aperfeiçoamento. Assim, deveríamos listar todas as ideias de aperfeiçoamento concebíveis, examinar cada uma em profundidade e, finalmente, selecionar a melhor. Se uma melhoria é implantada antes de ser integralmente estudada, podemos facilmente acabar tendo um aperfeiçoamento que, embora conseguindo uma pequena redução nos custos, é caro demais para implementar.

Por exemplo, suponhamos que há uma sugestão para instalar um dispositivo de controle eletrônico de US$ 500,00 para substituir um trabalhador. Se esse dispositivo de US$ 500,00 pudesse reduzir a força de trabalho em um trabalhador, seria um grande ganho para a Toyota. Se, entretanto, uma análise mais cuidadosa revelar que um trabalhador poderia ser eliminado sem qualquer custo por alterações na sequência do trabalho, gastar US$ 500,00 seria considerado um desperdício.

Nos primórdios da Toyota, quando comprar máquinas automáticas parecia tão fácil, tais exemplos eram numerosos. Esse é um problema comum tanto para grandes como para médias e pequenas empresas.

A fábrica principal da Toyota – sua mais antiga instalação – fornece um exemplo de um fluxo de produção sem dificuldades conseguido pelo rearranjo das máquinas convencionais após um estudo minucioso da sequência de trabalho. O gerente de uma determinada pequena empresa visitou nossa fábrica principal com a ideia pré-concebida de que nada seria relevante para sua firma porque a Toyota era muito maior. Caminhando pela planta de produção, porém, ele se deu conta de que as velhas máquinas que ele tinha descartado há muito tempo estavam trabalhando bem na Toyota. Ele ficou surpreso e pensou que as tivéssemos remodelado.

É crucial para a planta de produção projetar um leiaute no qual as atividades dos trabalhadores se harmonizam, ao invés de impedir o fluxo de produção. Podemos chegar a isso alterando a sequência do trabalho de várias formas. Mas, se apressadamente compramos a máquina de alto desempenho mais avançada, o resultado será a superprodução e o desperdício.

Reexaminando os erros do desperdício

O Sistema Toyota de Produção é um método para eliminar integralmente o desperdício e aumentar a produtividade. Na produção, "desperdício" se refere a todos os elementos de produção que só aumentam os custos sem agregar valor, por exemplo, excesso de pessoas, de estoques e de equipamento.

O excesso de operários, equipamentos e produtos apenas aumentam os custos e causam desperdício secundário. Por exemplo, com operários em demasia, cria-se trabalho desnecessário que, por sua vez, aumenta o uso de energia e de materiais. Isso é desperdício secundário.

O maior de todos os desperdícios é o estoque em excesso. Se na fábrica houver muitos produtos para estocar, deveremos construir um depósito, contratar trabalhadores para carregar as mercadorias para esse depósito e, provavelmente, comprar um carrinho de transporte para cada trabalhador.

No depósito, seria preciso ter pessoas para prevenir a ferrugem dos produtos e para a gestão do estoque, mesmo que, ainda assim, algumas mercadorias estocadas enferrujem e sofram danos. Por causa disso, será necessário ter mais trabalhadores para reparar as mercadorias antes da sua remoção do depósito para o uso. Uma vez estocadas no depósito, as mercadorias devem ser inventariadas regularmente, o que requer trabalhadores adicionais. Quando a situação chega a um determinado nível, algumas pessoas consideram a compra de computadores necessária para controlar os estoques.

Se as quantidades estocadas não forem completamente controladas, podem surgir insuficiências. Assim, apesar da produção diária planejada, al-

50 | Sistema Toyota de Produção

gumas pessoas pensam que as insuficiências são um reflexo da capacidade de produção. Um plano para aumentar a capacidade de produção é, consequentemente, colocado no plano de investimento em equipamentos para o próximo ano. Com a compra destes, o estoque cresce ainda mais.

O círculo vicioso do desperdício que gera desperdício se esconde por toda a parte na produção. Para evitar isso, gerentes e supervisores da produção devem compreender por completo o que é o desperdício e as suas causas.

O exemplo acima é um cenário de um caso extremo. Embora eu não pense que isso possa ocorrer na planta de produção da Toyota, fenômenos semelhantes podem acontecer facilmente, ainda que sua extensão seja menor.

Todos os desperdícios primários e secundários descritos anteriormente acabam se tornando parte dos custos diretos e indiretos de mão de obra, do custo de depreciação e dos gastos gerais com a administração, contribuindo para o aumento nos custos.

Considerando esses fatos, jamais podemos ignorar os elementos que geram aumentos de custos. O desperdício causado por um único erro irá consumir os lucros que comumente consistem em apenas uma pequena porcentagem das vendas e, portanto, coloca em risco a própria empresa. Diante da da ideia de que o Sistema Toyota de Produção objetiva reduzir custos está a compreensão, acima mencionada, dos fatos que geram custos.

A eliminação do desperdício está especificamente direcionada para reduzir custos pela redução da força de trabalho e dos estoques, tornando clara a disponibilidade extra de instalações e de equipamentos, possibilitando diminuir gradualmente o desperdício secundário. Independentemente do quanto seja dito, a adoção do Sistema Toyota de Produção não terá sentido se não houver uma compreensão total da eliminação de desperdícios. Foi por essa razão que torno a explicá-la.

Gerar capacidades em excesso

Mencionei que existem muitas maneiras para alcançar um objetivo e, para isso, consideramos o pensamento da Toyota sobre o que é economicamente vantajoso do ponto de vista da capacidade de produção.

As opiniões quanto às vantagens econômicas de manter uma capacidade de produção extra são divergentes. Em resumo, a capacidade em excesso utiliza trabalhadores e máquinas que de outra forma estariam ociosos, sem incorrer em novos gastos. Em outras palavras, nada custam.

Consideremos o excesso de capacidade na produção interna *versus* a externa. Frequentemente, são feitas análises de custos para definir entre produzir um produto internamente ou comprá-lo fora. Se há excesso de capacidade para produção interna, o único custo decorrente é o gasto variável que aumenta em proporção à quantidade produzida, por exemplo, os custos do material e do combustível. Consequentemente, sem ter que consultar a comparação de custos, a produção interna seria vantajosa.

Agora, considere o problema da espera. Se um trabalhador precisa aguardar até que uma caixa esteja cheia para então transportá-la, fazê-lo trabalhar na linha ou na preparação não custaria nada. Essa questão não requer qualquer estudo; seria loucura gastar tempo valioso calculando a força do trabalho.

Em seguida, há o problema de reduzir o tamanho dos lotes. Quando uma máquina de múltiplas finalidades, como uma prensa de matriz, possui excesso de capacidade, é vantajoso reduzir o tamanho do lote tanto quanto possível, sem considerar o problema da redução do tempo de troca de ferramentas. Se a máquina ainda tiver excesso de capacidade, é melhor continuar a reduzir o tempo de troca de ferramentas para utilizá-la.

Conforme vimos acima, quando existe excesso de capacidade, a perda ou o ganho são evidentes, sem precisar de estudos de custos. O mais importante é saber, durante todo o tempo, a extensão do excesso de capacidade. Se não sabemos se existe ou não excesso de capacidade, estamos fadados a cometer erros no processo de seleção e a incorrer em gastos.

Na Toyota, nós vamos mais além e tentamos extrair melhorias do excesso de capacidade. Isso ocorre porque, com maior capacidade de produção, não precisamos temer novos custos.

O valor de compreender

Nesta parte, desejo enfatizar a importância de compreender completamente a produção e a redução da força de trabalho.

"Da forma como operamos atualmente, a linha de produção tem uma taxa de operação bastante alta e uma taxa de defeitos bastante baixa. Portanto, como um todo, as coisas parecem estar acontecendo razoavelmente bem."

Se nos permitirmos sentir dessa forma, descartamos qualquer esperança de progresso ou melhoria.

"Compreender" é a minha palavra favorita. Acredito que ela tem um significado específico – abordar positivamente um objetivo e compreender sua natureza. A inspeção cuidadosa de qualquer área de produção revela desperdício e espaço para melhorias. Ninguém pode entender a manufatura simplesmente caminhando pela área de trabalho e olhando para ela. Temos que ver o papel e a função de cada área no quadro geral. Através de uma observação atenta, podemos dividir o movimento dos trabalhadores em desperdício e em trabalho:

- *Desperdício* – O movimento repetido e desnecessário que deve ser imediatamente eliminado. Por exemplo, esperar ou empilhar materiais submontados;
- *Trabalho* – Os dois tipos são: trabalho sem valor adicionado e trabalho com valor adicionado.

O trabalho sem valor adicionado pode ser considerado como um desperdício no sentido convencional. Por exemplo, caminhar para apanhar peças, abrir a caixa de mercadorias compradas fora, operar os botões de apertar e assim por diante são coisas que têm de ser feitas sob as condições atuais de trabalho. Para eliminá-las, essas condições devem ser parcialmente alteradas.

Já o trabalho com valor adicionado significa algum tipo de processamento, ou seja, mudar a forma ou o caráter de um produto ou montagem. Processar agrega valor. Em outras palavras, no processamento, as matérias-primas ou peças são transformadas em produtos para gerar valor adicionado. Quanto mais alta essa proporção, tanto maior a eficiência do trabalho.

Exemplos de processamento são: montar peças, forjar matérias-primas, forjar na prensa, soldar, temperar engrenagens e pintar corpos.

Além disso, algumas atividades da produção estão fora dos procedimentos de trabalho padrão, como pequenos consertos de equipamentos e retrabalho de produtos defeituosos. Considerando esses exemplos, chega-se à conclusão de que a proporção de trabalho com valor agregado é mais baixa do que a maioria das pessoas pensa.

É por isso que frequentemente enfatizo que o movimento do operário na área de produção deve ser o movimento de trabalho, ou movimento que

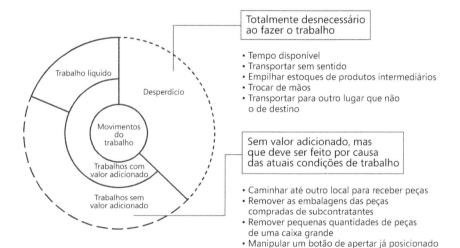

Figura 3.2 Compreendendo a função manufatura.

CAPÍTULO 3 • DESENVOLVIMENTO ULTERIOR | **53**

agrega valor. Estar se movendo não significa estar trabalhando. Trabalhar significa fazer o processo avançar efetivamente no sentido de completar a tarefa. Os operários devem entender isso.

A redução da força de trabalho significa aumentar a proporção de trabalho com valor agregado. O ideal é ter 100% de trabalho com valor agregado. Esta foi a minha maior preocupação durante o desenvolvimento do Sistema Toyota de Produção.

Utilizando o sistema de trabalho total

Para aumentar a proporção de trabalho com valor agregado, devemos nos preocupar com os movimentos que não agregam valor, ou seja, com a total eliminação do desperdício. Em relação a esse problema, consideremos a redistribuição do trabalho.

Se vemos alguém esperando ou se movendo desnecessariamente em uma tarefa feita por uma equipe de operários, não é difícil eliminar o desperdício, redistribuir a carga de trabalho e reduzir a força de trabalho. Na realidade, entretanto, esse desperdício costuma ser escondido, fazendo com que seja difícil eliminá-lo. Vejamos alguns exemplos.

Em qualquer situação de manufatura, frequentemente vemos pessoas que estão trabalhando adiantado. Em vez de esperar, o operário trabalha na tarefa seguinte, de forma que a espera não aparece. Se essa situação se repete, estoques começam a acumular no final de uma linha de produção ou entre linhas, os quais devem ser movimentados ou organizadamente empilhados. Se esses movimentos forem considerados como "trabalho", em breve seremos incapazes de diferençar desperdício de trabalho. No Sistema Toyota de Produção, esse fenômeno é chamado de desperdício da superprodução – nosso pior inimigo –, porque ele ajuda a ocultar outros desperdícios.

O passo mais importante na redução da força de trabalho é eliminar a superprodução e estabelecer medidas de controle. Para implementar o Sistema Toyota de Produção na sua própria empresa, deve haver uma compreensão integral do desperdício. A menos que todas as fontes de desperdício sejam detectadas e eliminadas, o sucesso será apenas um sonho.

Observemos uma medida. Com uma máquina automática, suponha que o estoque padrão de um processo seja de cinco peças. Se o estoque ficar em apenas três peças, o processo anterior começa automaticamente a produzir o item até que haja cinco peças. Quando o estoque chega ao número necessário, o processo anterior para a produção.

Se o estoque padrão do processo posterior diminuir em um item, o processo anterior começa a produzir e manda o item para o processo posterior. Quando o estoque atinge o número necessário, o processo anterior para a produção.

54 | Sistema Toyota de Produção

Assim, em um tal sistema, os estoques padrão são sempre mantidos e as máquinas de cada processo trabalham juntas para evitar a superprodução. Chamamos isso de sistema de trabalho total.

Não faça uma demonstração falsa

Para evitar a superprodução e produzir os itens conforme o necessário, um a um, temos de saber quando eles são necessários. Assim, o tempo de atividade adequado se torna importante.

Tempo médio de saída entre duas unidades* é o período de tempo em minutos e segundos que se leva para produzir uma peça do produto o qual ser calculado ao inverso do número de peças a ser produzido. O tempo médio de saída entre duas unidades é obtido dividindo-se o tempo operacional por dia pelo número necessário (de peça) por dia. O tempo operacional é o período de tempo em que a produção pode ser feita por dia.

No Sistema Toyota de Produção, fazemos uma distinção entre taxa de operação e taxa operacional. A taxa de operação significa o recorde atual da produção de uma máquina baseado em sua capacidade total de operação. Por outro lado, a taxa operacional se refere à disponibilidade de uma máquina em condições operacionais quando for preciso. A taxa operacional ideal é de 100%. Para atingi-la, a manutenção das máquinas deve ser constante e os tempos de troca de ferramentas devem ser reduzidos.

Por exemplo, a taxa operacional de um automóvel é a porcentagem do tempo que o carro irá funcionar sem problemas quando o motorista precisar dele, sendo o ideal, é claro, de 100%.

Por outro lado, a taxa de operação se refere à quantidade de tempo por dia em que o carro é efetivamente dirigido. Poucas pessoas dirigiriam um carro por mais tempo do que o necessário; se alguém dirigisse o carro desde a manhã até a noite independentemente da sua necessidade, o consumo constante de gasolina e de óleo aumentaria a probabilidade de problemas mecânicos e resultaria em perda. Logo, a taxa ideal não é necessariamente 100%.

Para estabelecer o tempo médio de saída entre duas unidades, precisamos compreender como são decididas as quantidades de produção necessárias para o dia. Mas antes, gostaria de mencionar a relação entre quantidade de produção e o número de trabalhadores. Se esta relação é vista em termos de eficiência, devemos lembrar que aumentar a eficiência e reduzir os custos não são necessariamente a mesma coisa.

---

* N. de R.T.: Tempo médio de saída entre duas unidades *(taci time)* foi cunhado por Taiichi Ohno para diferenciá-lo da definição clássica de tempo de ciclo da máquina, que é independente da demanda da fábrica.

Por exemplo, numa linha de produção, 10 operários produziram 100 peças do produto por dia. Melhorias foram introduzidas para aumentar a eficiência. Agora, 10 operários poderiam produzir 120 peças por dia, um aumento da eficiência de 20%.

A demanda cresceu nesse período, então a produção poderia ser aumentada para 120 peças por dia sem ter que aumentar a força de trabalho. Obviamente, essa redução de custos aumentaria os lucros.

Agora, suponhamos que a demanda do mercado, isto é, o número necessário a ser produzido, caia para 100 ou 90 peças por dia. O que acontece? Se continuamos a produzir 120 peças por dia por causa da nossa melhor eficiência, teremos 20 a 30 peças de sobra diariamente. Isso aumentará as nossas despesas com material e com mão de obra e resultará em um sério problema de estoque.

Num caso como esse, como podemos aumentar a eficiência e ainda reduzir custos?

O problema é resolvido melhorando o processo, de forma que oito operários possam produzir as 100 peças diárias necessárias. Se 90 peças são necessárias, sete operários deveriam ser utilizados. Tudo isso exige que o processo seja melhorado.

Na Toyota, aumentar a eficiência agravando a produção enquanto a demanda real, ou quantidade necessária, permanece inalterada, ou mesmo diminui, é chamado de "aumento aparente (aumento no cálculo) da eficiência"

As quantidades são importantíssimas

As quantidades necessárias estão baseadas nas vendas, isto é, o qual é determinado pelo mercado. Consequentemente, à produção é dada uma quantidade baseada na demanda ou nos pedidos reais – uma quantidade que não pode ser aumentada ou diminuída arbitrariamente.

No tempo em que se podia vender tudo que se produzisse, as pessoas tendiam a esquecer sobre as quantidades necessárias; estavam muito ocupadas comprando máquinas de alto desempenho que lhes permitiam estar em dia com a crescente demanda. Entretanto, mesmo enquanto está se preparando para aumentos na produção, uma empresa deve acompanhar as mudanças diárias na demanda e estar preparada com um sistema que possa alterar para uma produção menor, se necessário. Na Toyota, a produção foi estabelecida com base nas quantidades necessárias.

Conforme descrevi na seção anterior, há duas maneiras para aumentar a eficiência:

- aumentar as quantidades produzidas ou
- reduzir o número de trabalhadores.

56 | Sistema Toyota de Produção

Se solicitada a escolher entre esses métodos, a maioria das pessoas na linha de produção tenderá a escolher o aumento da produção. Isso acontece porque, provavelmente, a redução de trabalhadores é mais difícil e envolve reorganizar a força de trabalho. Entretanto, é irreal não reduzir o número de operários se a demanda estiver caindo.

O objetivo, como tenho dito frequentemente, é reduzir custos. Portanto, um aumento na eficiência deve ser alcançado através de um método condizente com esse objetivo. Para eliminar a superprodução e reduzir custos, é absolutamente necessário que as quantidades produzidas seja iguais às quantidades necessárias.

Todas as fábricas da Toyota produzem de acordo com a demanda real. Os revendedores de carros em todo o país enviam seus pedidos diariamente para o escritório central da Toyota Automobile Sales Company, em Nagoya. Esses pedidos são classificados por computador quanto ao tipo de carro, modelo, nível de descarga de combustível, estilo, transmissão, cor e assim por diante. Os dados resultantes servem de base para as necessidades de produção nas fábricas da Toyota.

O próprio sistema de produção é, também, baseado nesses dados. Aumentar a eficiência pela redução da mão de obra somente pode ser efetivada eliminando desperdícios no tempo médio de saída entre duas unidades, o qual é calculado pela quantidade necessária. Essas melhorias podem capacitar um operário a produzir mais ou a automatizar uma porção do seu trabalho. A mão-de-obra extra resultante pode, então, ser utilizada para outro trabalho de produção e a taxa de operação das máquinas também é determinada dessa maneira.

A tartaruga e a lebre

Quando penso a respeito de superprodução, frequentemente conto a história da tartaruga e da lebre.

Em uma fábrica onde as quantidades necessárias realmente ditam a produção, gosto de mostrar que a lenta porém consistente tartaruga causa menos desperdício e é muito mais desejável do que a rápida lebre, que corre à frente e então para ocasionalmente para tirar uma soneca. O sistema Toyota de Produção só pode ser realidade quando todos os trabalhadores se tornarem tartarugas.

As máquinas de alto desempenho estiveram em evidência durante um longo período antes que o termo "alto desempenho" fosse completamente examinado. Quando dizemos alto desempenho, podemos querer dizer alta precisão no acabamento, baixo consumo de energia ou até mesmo máquinas livres de problemas. Todos podem estar corretos. Entretanto, um erro frequente consiste em considerar as máquinas de alta produtividade e as máquinas de alta velocidade como sendo a mesma coisa.

Se pudermos aumentar a velocidade sem baixar a taxa operacional ou diminuir a vida do equipamento, ou se uma velocidade maior não vai mudar os requisitos de mão de obra ou produzir mais produtos do que podemos vender, então podemos dizer que alta velocidade significa alta produtividade.

A velocidade não tem sentido sem continuidade. Basta lembrar da tartaruga e da lebre. Além do mais, não podemos deixar de perceber que máquinas que não são projetadas para resistir a altas velocidades terão sua vida útil encurtada se nós as acelerarmos.

Aumentar a velocidade apenas em nome da melhoria da produtividade ou forçar altas velocidades em uma máquina que não resiste a elas meramente para evitar uma queda produtiva pode parecer benéfico à produção. Entretanto, essas ações, na verdade, atrapalham a produção. Os gerentes e supervisores de produção, assim como outros gerentes, têm de entender isso.

Cuide bem dos equipamentos antigos

O valor do equipamento realmente diminui? No caso de um trabalhador, anos de experiência acrescentam profundidade e o valor do operário para a companhia é maior. Uma máquina, porque não tem qualidades humanas, é descartada após prestar longo tempo de serviço. Eu quero defender que, assim como os trabalhadores, as máquinas que prestam longo tempo de serviço devem ser usadas com muitíssimo cuidado.

A linguagem da economia empresarial fala de "depreciação", "valor residual", ou "valor normal" – expressões artificiais usadas para a contabilidade e para o cálculo de impostos. Infelizmente, parece que as pessoas esqueceram que tais expressões não têm relevância para o real valor de uma máquina.

Por exemplo, frequentemente ouvimos: "Esta máquina foi depreciada e já deu o seu máximo, portanto, podemos descartá-la a qualquer momento sem perdas", ou "o valor nominal desta máquina é zero. Por que gastar dinheiro em uma retificação quando podemos substituí-la por um modelo novo, mais avançado?"

Este tipo de pensamento é um grande erro.

Se um equipamento comprado na década de 20 é mantido, pode garantir, no momento, um nível de operação próximo a 100% e pode suportar a carga de produção a ele destinada, o valor da máquina não diminuiu em nada. Por outro lado, se uma máquina comprada no ano anterior tem recebido uma manutenção precária e produz somente metade do seu nível de produção, devemos considerar seu valor como tendo diminuído 50%.

O valor de uma máquina não é determinado pelos seus anos de serviço ou sua idade; ele é determinado pelo poder de ganho que ela ainda possui.

Quando substituímos um equipamento antigo, podemos considerá-lo economicamente de várias maneiras. Podemos comparar análises de custos ou juros sobre o investimento. Mas podem tais métodos, que parecem ser tão lógicos, ser realmente usados em uma fábrica? Não devemos perder de vista o fato de que esses métodos são baseados em certas premissas.

Por exemplo, algumas pessoas acham que a manutenção convencional é a única maneira, então decidem que a perda absoluta só pode ser baseada em várias premissas. Na prática, entretanto, esses métodos não podem sequer ser usados como padrões. Apesar disso, diante de uma máquina cuja manutenção foi precária e por isso está se deteriorando, elas aplicam esses métodos e concluem que seria melhor substituir a máquina. Isto é completamente irracional.

Como, então, devemos decidir substituir ou não uma máquina antiga? Minha conclusão é que, se ela receber uma manutenção adequada, a sua substituição por uma máquina nova nunca é mais barata, mesmo se manter o equipamento antigo exigir alguns gastos. Se realmente decidirmos substituí-la, devemos entender que ou fomos enganados pelos cálculos e tomamos a decisão errada, ou o nosso programa de manutenção está inadequado.

Quando perdemos um argumento econômico, argumentamos a validade da substituição dizendo: "É muito difícil restaurar a precisão necessária" ou "Nós queremos retificá-la, mas não há máquina para substituí-la".

Esta argumentação é errada. Ela mostra que queremos máquinas novas porque não temos uma ideia melhor. Quando substituímos equipamentos antigos, devemos sempre decidir caso a caso.

Sejam retificadas ou reformadas, se as máquinas recebem manutenção precária e são usadas até o fim, os custos decorrentes da substituição são enormes. Computado como custo de manutenção, por exemplo, não significaria nada, a menos que um efeito real fosse alcançado em proporção ao aumento de custo.

Olhe diretamente para a realidade

O gerenciamento de uma empresa deve ser bem realista. Uma visão do futuro é importante, mas ela deve ter os pés no chão. Nesta época, uma leitura equivocada da realidade e das suas mudanças ininterruptas podem resultar em um declínio instantâneo nos negócios. Estamos realmente cercados por um ambiente turbulento.

Algumas pessoas dizem que a base dos negócios tem que mudar. Elas insistem que, uma vez que a nossa base econômica mudou de alto para baixo crescimento, deveríamos liquidar empréstimos e trabalhar somente dentro dos limites do capital de giro. Entretanto, nós deveríamos ter pensado nisso no período de alto crescimento.

Durante o alto crescimento, tais mudanças nos negócios poderiam ter sido fáceis. Mas se uma empresa aumentou a produção, outras se sentiram inseguras e também expandiram. Máquinas e mão de obra foram aumentadas sem se questionar sobre a sua eficiência. Como resultado, os lucros não aumentaram na mesma proporção das vendas. Aqueles satisfeitos com isso indicaram ter uma mentalidade "pré-gerenciamento"* não mais aceitável no ambiente exigente do mundo dos negócios.

Uma empresa preparada para efetivar uma verdadeira racionalização, ao mesmo tempo que vivencia o alto crescimento, poderia ter mantido o seu crescimento em 5% sem o aumento de equipamentos e de trabalhadores. Enquanto isso, outras empresas teriam aumentado suas vendas em 10%. Fazendo isso, os lucros poderiam ter aumentado o suficiente para liquidar todos os débitos e expandir as instalações. Uma ação desse tipo, do ponto de vista da gerência, teria colocado o negócio em uma situação desejável.

No atual período de baixo crescimento, a concorrência de mercado tem se tornado cada vez mais forte, uma batalha de vida ou morte. Neste ambiente, o fortalecimento da base do negócio é um requisito absoluto para a sobrevivência.

No esforço para fazer o Sistema de Produção da Toyota verdadeiramente efetivo, há um limite para aquilo que a Toyota Motor Company, uma fabricante de chassis, pode fazer sozinha. Somente trabalhando em parceria com as firmas colaboradoras é possível aperfeiçoar o sistema. O mesmo é verdade em relação à melhoria da qualidade do gerenciamento. A Toyota sozinha não pode alcançar o objetivo se as firmas colaboradoras não trabalharem juntas, desse modo, temos pedido a elas que implementem as políticas do Sistema Toyota de Produção em seus próprios negócios.

Cerca de dez anos atrás, visitei a oficina de têmpera de uma outra companhia. Naquela época, a nossa produção mensal era de aproximadamente 70.000 carros.

O gerente disse: "Nós temos mão de obra e equipamento suficientes para atender ao seu pedido mesmo se você produzir 100.000 carros."

Aí eu perguntei a ele: "Então, a sua planta fecha dez dias durante o mês? Ele respondeu: "Nós nunca faríamos uma bobagem dessas."

Após isso, fui para um processo anterior, a seção de usinagem. Lá vi operárias trabalhando como animais em máxima velocidade porque elas não queriam que a fornalha ficasse ociosa.

---

* N. de R.T.: Ao se referir à "mentalidade pré-gerenciamento", Ohno está fazendo alusão à situação do gerenciamento das fábricas antes dos trabalhos de racionalização do chão de fábrica e dos fluxos de trabalho desenvolvidos por Federick W. Taylor no início deste século, e que constam do seu livro *Princípios de Administração Científica*, editado no Brasil pela Editora Atlas.

Fazendo os cálculos, o preço por unidade era bastante baixo. A fornalha na pequena planta de têmpera era completamente carregada com itens de forma que o custo de combustível por unidade fosse menor. Porque eles tinham a capacidade de 100.000 peças de carro, eles acumulavam um extra de 30.000 peças por mês, mas a Toyota iria pedir somente o que era necessário e, assim, a firma de têmpera provavelmente teria que construir um depósito.

A crise do petróleo fez com que as pessoas começassem a entender o desperdício da superprodução. E só então elas começaram a reconhecer o real valor do Sistema Toyota de Produção. Gostaria que os leitores pudessem ver por si próprios como os depósitos estão desaparecendo um a um dos pátios das nossas firmas colaboradoras.

0,1 operário ainda é um operário

Nos negócios, nós estamos sempre preocupados em como produzir mais com menos trabalhadores.

Na nossa companhia, nós usamos a expressão "poupar trabalhadores" em vez de "poupar mão de obra". A expressão "poupar mão de obra" é facilmente mal empregada numa empresa de manufatura. Os equipamentos que "poupam mão de obra", tais como a carregadeira e a máquina de terraplanagem (patrola), utilizados especialmente em construções, estão diretamente ligados à redução da força de trabalho.

Entretanto, nas fábricas de automóveis, um problema mais importante é a automação parcial e localizada. Por exemplo, em um trabalho envolvendo várias fases, um dispositivo automático é instalado somente no último estágio; em outros pontos da operação, o trabalho continua a ser feito manualmente. Particularmente, acho que este tipo de ação para poupar mão de obra está completamente errado. Se a automação está funcionando bem, ótimo. Mas se ela é utilizada simplesmente para permitir que alguém fique mais à vontade, então ela é muito cara.

Como podemos aumentar a produção com menos trabalhadores? Se considerarmos essa questão quanto ao número de dias trabalhados, isto é um erro. Devemos considerá-la quanto ao número de operários. A razão é que o número de trabalhadores não é reduzido mesmo com uma redução de 0,9 dias trabalhados.

Primeiro, a melhoria do trabalho e do equipamento deve ser considerada. A melhoria do trabalho, sozinha, deveria contribuir com metade ou um terço da redução total dos custos. Em seguida, a autonomação, ou melhoria do equipamento, deveria ser considerada. Repito que devemos ser cuidadosos para não inverter a melhoria do trabalho e a melhoria do equipamento. Se a melhoria do equipamento é feita primeiro, os custos apenas sobem, não baixam.

A esse propósito, o jornal da companhia editou uma palestra que dei sobre poupar trabalhadores. Na matéria a expressão "poupar mão de obra" foi impressa erroneamente como "utilizar menos trabalhadores", mas quando eu li, pensei: "isso é verdade". "Utilizar menos operários" atinge o coração do problema de forma muito melhor do que "poupar mão de obra".

Quando dizemos "poupar mão de obra", soa mal, porque implica a eliminação de um trabalhador. "Poupar mão de obra" significa, por exemplo, um trabalho que antes utilizava dez trabalhadores agora ser feito por oito – eliminando duas pessoas. "Utilizar menos trabalhadores" pode significar a utilização de cinco ou até mesmo três operários, dependendo da quantidade da produção, uma vez que não há um número fixo. "Poupar mão de obra" sugere que um gerente inicialmente contrata vários operários, reduzindo o número quando não forem necessários. "Utilizar menos operários", de outro lado, pode também significar trabalhar com menos operários desde o início. Na realidade, a Toyota teve uma disputa trabalhista em 1950 como resultado da redução da sua força de trabalho. Imediatamente após o acordo, rebentou a Guerra da Coréia, que trouxe demandas especiais. Nós atendemos a essas demandas apenas com o pessoal suficiente e ainda aumentamos a produção. Esta experiência foi valiosa e, desde então, temos produzido a mesma quantidade que outras companhias, mas com 20% a 30% menos trabalhadores.

Como isso foi possível? Em resumo, foram o esforço, a criatividade e o poder conjunto que permitiram à Toyota colocar em prática os métodos que finalmente se tornaram o Sistema Toyota de Produção. E isso não é apenas uma expressão de vaidade.

No Sistema Toyota de Produção, nós frequentemente dizemos: "Não faça ilhas isoladas." Se os operários estão espersamente posicionados aqui e acolá entre as máquinas, tem-se a impressão de que há poucos operários. Entretanto, se um operário está sozinho, não pode haver uma equipe de trabalho. Mesmo se há trabalho suficiente apenas para uma pessoa, cinco ou seis operários devem ser agrupados para trabalhar como uma equipe. Criando-se um ambiente sensível às necessidades humanas, torna-se possível implementar realisticamente um sistema que emprega menos trabalhadores.

Gerenciamento por *ninjutsu*

Pensar que itens produzidos em massa são mais baratos por unidade é compreensível, porém errado.

O balanço de uma empresa pode considerar o estoque em processo como tendo algum valor agregado e tratá-lo como estoque. Mas aí é que começa a confusão. A maior parte desse estoque frequentemente não é necessária e não possui nenhum valor agregado.

Aumentar a produção é um negócio próspero. Materiais são adquiridos e os operários trabalham horas extras. Mesmo que o estoque que eles estejam gerando seja desnecessário, os trabalhadores naturalmente exigem o pagamento pelas horas extras, bem como um bônus.

Nós nos acostumamos a um ambiente de trabalho em que ampliar as vendas, aumentar o capital, a força de trabalho e a maquinaria era considerado bom. Os gerentes, em geral, viam as árvores e não a floresta, e, naturalmente, estavam sobretudo preocupados com sua principal motivação: o lucro.

Atualmente, podemos fazer cálculos muito rapidamente, e isso pode causar problemas. O seguinte incidente aconteceu no final de 1966, quando começamos a produzir o Corolla. Os Corollas eram bastante populares e vendiam bem. Nós iniciamos com um plano para produzir 5.000 carros. Eu instrui o chefe da seção de motores para que ele produzisse 5.000 unidades e usasse menos de 100 operários. Dois ou três meses depois, ele relatou: "Nós podemos produzir 5.000 unidades utilizando 80 operários".

Depois disso, o Corolla continuou vendendo bem. Então, perguntei a ele: "Quantos operários podem produzir 10.000 unidades?"

Ele respondeu imediatamente: "160 operários".

Então eu gritei com ele: "Na escola primária eu aprendi que duas vezes oito é igual a dezesseis. Depois de todos estes anos, você acha que eu devo aprender isso de você? Você acha que eu sou idiota?"

Não muito tempo depois, 100 operários estavam produzindo mais de 10.000 unidades. Poderíamos dizer que a produção em massa tornou isso possível, mas, na verdade, foi em grande parte devido ao Sistema Toyota de Produção, em que o desperdício, as inconsistências e os excessos foram completamente eliminados.

Eu costumo dizer que o gerenciamento deveria ser feito não pela aritmética, mas pelo *ninjutsu*, a arte da invisibilidade. O que quero dizer é o seguinte:

Outros países, hoje em dia, usam a palavra "mágica" em expressões como "gerenciamento mágico" ou "mágica do gerenciamento". No Japão, entretanto, *ninjutsu* é mais adequado para o gerenciamento. Quando éramos crianças, assistimos aos truques de *ninjutsu* no cinema – como o súbito desaparecimento do herói. Como uma técnica de gerenciamento, entretanto, é algo bastante racional.

Para mim, o gerenciamento por *ninjutsu* significa adquirir habilidades de gerenciamento através de treinamento. Atualmente, estou penosamente consciente do fato de que as pessoas tendem a esquecer a necessidade de treinamento. É claro, se as habilidades a serem aprendidas não são criativas ou estimulantes, e se não são exigidas as melhores pessoas, o treinamento pode não parecer valer a pena. Mas vamos dar uma olhada crítica no mundo. Nenhum objetivo, por menor que seja, pode ser alcançado sem treinamento adequado.

Se nos Estados Unidos há a mágica do gerenciamento, então no Japão nós podemos chamá-lo de Sistema Toyota de Produção por *ninjutsu*, um reflexo do caráter e da cultura japonesa.

Em uma forma de arte, a ação é necessária

Se você procurar o significado da palavra "engenheiro" em um dicionário, você poderá encontrar "tecnólogo", ao passo que em japonês o seu significado contém o ideograma "arte". Analisando-se esse ideograma, você verá que ele é criado pela inserção do ideograma "exigir" no ideograma "ação". Assim, a arte parece ser algo que exige ação.

Na matemática, o uso do ábaco requer prática, mesmo que o uso das contas do ábaco possa ser compreendido facilmente por qualquer um. Porém, uma conta rápida e precisa requer prática constante.

A arte marcial *Shinai*, a espada de bambú, era antes chamada de *gekken*, atacar com a espada, mas, logo se tornou *kenjutsu*, a arte de usar a espada. Quando a luta real com espada cessou no início da era Meiji, se tornou *kendō*, o caminho da espada. Recentemente, está sendo chamada de *kengi*, a técnica de usar a espada.

Especificamente, na era em que o oponente mais forte geralmente vencia, ela era *gekken*, luta com espadas, mas, à medida em que a forma de arte se desenvolveu, mesmo um oponente mais fraco poderia vencer, e então ela se transformou em *kenjutsu*. Quando o uso prático da espada não era mais necessário, se transformou em *kendō*. Na minha opinião, a arte do uso da espada avançou mais durante a era *kenjutsu* justamente porque exigia ação.

A ação também é exigida em *gijutsu* (tecnologia), ou seja, a ação real é o que conta. O ideograma para "falar" também é pronunciado *jutsu*. Ultimamente, parece que se tem mais falado do que praticado tecnologia, e isso deveria ser uma questão de grande preocupação para nós.

Eu sinto que ainda sou um tecnólogo praticante. Posso não ser um grande orador, mas isso não me aborrece. Falar sobre tecnologia e efetivamente praticá-la são duas coisas diferentes. Os computadores começaram a fazer cálculos matemáticos ao mesmo tempo que *kenjutsu* mudou de *kendō* para *kengi*. Entretanto, uma forma de arte tem seu próprio valor, e eu ainda sou bastante atraído por ela.

Defendendo uma engenharia de produção (EP)* geradora de lucro

Após a Segunda Guerra Mundial, os Estados Unidos influenciaram muito o Japão de várias formas. Atitudes culturais americanas se tornaram bem comuns em toda a nação, até mesmo na política.

No mundo da indústria, a América era, de longe, a líder.

Alcançar e superar a América não era um trabalho para ser feito em um dia.

Para alcançá-la, o caminho mais curto foi adquirir a avançada tecnologia americana. Assim, empresas japonesas agressivas importaram e adotaram a tecnologia de produção e de manufatura de alto nível americana. Nas universidades e nas empresas, uma grande quantidade de técnicas gerenciais americanas também foram estudadas e discutidas. Por exemplo, as empresas japonesas estudaram cuidadosamente a engenharia de produção, uma tecnologia de manufatura aplicada em toda a empresa, diretamente ligada ao gerenciamento, que foi desenvolvida e posta em prática nos Estados Unidos.

Definir engenharia de produção parece ser bastante difícil. Quando introduzido pela primeira vez, foi dito que o Sistema Toyota de Produção era engenharia de método (EM), e não engenharia de produção. Não se confunda com os significados.

Para mim, engenharia de produção não é uma tecnologia parcial de produção, mas, sim, uma tecnologia total de manufatura, atingindo toda a empresa. Em outras palavras, engenharia de produção é um sistema e o Sistema Toyota de Produção pode ser considerado como sendo uma engenharia de produção no estilo Toyota.

Qual a diferença entre a engenharia de produção tradicional e o sistema Toyota? Em resumo, a engenharia de produção estilo Toyota é *mõkeru* ou engenharia de produção geradora de lucros, conhecida como EIM (Engenharia Industrial Mokeru). A não ser que a engenharia de produção resulte em redução de custos e aumento de lucros, acho que ela não tem sentido algum.

Há várias definições de engenharia de produção. Um antigo presidente do Sindicato dos Metalúrgicos Americanos definiu sua função como sendo a de entrar na fábrica para aperfeiçoar métodos e procedimentos e para reduzir custos. E é exatamente isso.

"Engenharia de produção é o uso de técnicas e sistemas para melhorar o método de manufatura. Em amplitude, ela varia da simplificação do trabalho até planos de investimentos de capital em grande escala". "A engenharia de produção tem dois significados: um objetiva melhorar os métodos de trabalho na fábrica ou em um trabalho específico; o outro significa o estudo espe-

---

* N. de R.T.: Em inglês, *Industrial Engineering*. Eventualmente, pode-se usar a terminologia Engenharia Industrial alternativamente à Engenharia de Produção.

CAPÍTULO 3 • DESENVOLVIMENTO ULTERIOR | **65**

cializado do tempo e da ação. Dessa forma, este é o trabalho de um técnico. Essencialmente, um engenheiro industrial estuda metodologias sistemáticas para obter melhorias".

A isso, gostaria de acrescentar ainda uma definição da Sociedade para o Avanço do Gerenciamento (Society for Advancement of Management), uma organização que sucedeu à Taylor Society:

A engenharia de produção aplica o conhecimento e as técnicas da engenharia para o estudo, o aperfeiçoamento, o planejamento e a implementação do seguinte:

1. método e sistema;
2. planejamento qualitativo e quantitativo e vários padrões, incluindo os diversos procedimentos na organização do trabalho;
3. mensuração de resultados reais sob os padrões e desempenho de ações adequadas.

Isto tudo é feito para exercer um melhor gerenciamento com considerações especiais para o bem-estar do funcionário, e não restringir os negócios ao baixo custo dos produtos e dos serviços melhorados.

Eu listei várias definições de engenharia de produção, cada uma dizendo coisas boas, porque são referências úteis, entretanto, não é fácil implementar eficientemente a engenharia de produção nos negócios privados.

A razão pela qual eu chamo a engenharia de produção da Toyota de engenharia de produção geradora de lucros está no meu desejo de que o Sistema Toyota de Produção, nascido e desenvolvido na Toyota Motor Company, seja comparável ou superior ao sistema americano de engenharia de produção de manufatura e de gerenciamento de negócios.

Nós estamos muito felizes porque o Sistema Toyota de Produção se tornou, como eu queria, uma tecnologia de manufatura para toda a companhia diretamente ligada ao gerenciamento. E, felizmente, o sistema também está se estendendo para as empresas colaboradoras externas.

Sobrevivendo à economia de crescimento econômico lento

Eu disse antes que aceito calmamente a expressão "crescimento lento".

Acima de 5% de crescimento macroeconômico seria considerado como prosperidade ao invés de recessão, e nós consideraríamos 3% a 5% um crescimento normal. Uma vez que os ciclos futuros podem trazer um crescimento nulo ou negativo, nós precisamos estar preparados.

A indústria automotiva japonesa passou pela experiência do crescimento negativo imediatamente após a crise do petróleo, e, de uma só vez, entrou em colapso. Contudo, logo após, as exportações aumentaram e, comparada ao estado de inatividade das outras indústrias, apenas a indústria automotiva parecia gozar de uma boa sorte.

A situação atual, entretanto, não é necessariamente otimista.

A demanda interna estabilizou durante um ciclo e, atualmente, não se pode esperar uma demanda muito grande. Como consequência, a expansão das exportações também irá diminuir. Uma resistência política e emocional contra os carros japoneses tem crescido gradualmente na Europa e nos Estados Unidos. Com a valorização crescente do iene, também se pode esperar um declínio na competitividade dos carros japoneses no mercado internacional. Além disso, empresas norte-americanas também começaram a produzir carros pequenos, afetando negativamente as exportações japonesas.

A indústria automobilística pode ter sido brindada com uma dose excessiva de boa sorte. Já existe um perigo oculto. Se as demandas internas continuarem seu lento crescimento e se as exportações sofrerem uma queda, mesmo leve, enfrentaremos uma situação bastante séria.

As indústrias têxteis e de bens intermediários são consideradas economicamente em depressão e diz-se que a única fórmula para a recuperação está em algumas mudanças básicas nos negócios. Atualmente, a indústria automobilística está em ascenção, mas não há garantias de que também não irá enfrentar tempos difíceis.

Numa economia com severa recessão ou com crescimento lento, as empresas privadas precisam perseverar por quaisquer meios possíveis. O Sistema Toyota de Produção tem sido sistemático na eliminação do desperdício, da inconsistência e dos excessos de produção. Este sistema não é, de forma alguma, um sistema de gerenciamento defensivo ou passivo.

O Sistema Toyota de Produção representa uma revolução no pensamento, porque ele exige que mudemos, fundamentalmente, nossa maneira de pensar; eu recebo muito apoio como também muitas críticas. Acredito que a causa para tais críticas é uma compreensão insuficiente do que é o sistema.

Claro, nós não fizemos um esforço suficientemente grande para ensinar às pessoas a natureza do Sistema Toyota de Produção, entretanto, não seria exagero afirmar que ele já ultrapassou os limites da Toyota, a companhia, para se tornar um sistema de produção tipicamente japonês.

4

Genealogia do Sistema Toyota de Produção

Um mundo global ao nosso redor

Conta-se que uma vez Toyoda Kiichirõ disse a Toyota Eiji[i], atual presidente da Toyota, que em uma indústria abrangente como a manufatura de automóveis, a melhor maneira de trabalhar seria ter todas as peças de montagem ao lado da linha *just-in-time* para o seu uso. Nós já dissemos que esta ideia do *just-in-time* é o princípio por trás do Sistema Toyota de Produção. As palavras *just-in-time*, "no momento exato"*, pronunciadas por Toyoda Kiichirõ, foram uma revelação para alguns gerentes da Toyota, um dos quais se tornou bastante ligado à ideia. E eu tenho estado ligado a ela desde então.

O *just-in-time* era algo novo para nós e achamos o conceito estimulante. A ideia de as peças necessárias chegarem em cada processo da linha de produção no momento e na quantidade necessárias era maravilhosa. Embora parecesse conter elementos de fantasia, algo nos fez pensar que seria difícil mas não impossível de ser conseguido. Em todo caso, isso me incorreu em um plano.

Na primavera de 1932, eu me formei no departamento de tecnologia mecânica da Nagoya Technical High School (Escola Técnica de Nagoya)** e fui trabalhar na Toyoda Spinning and Weaving (Fiação e Tecelagem Toyota). A companhia foi fundada por Toyota Sakichi, que podemos considerar como o pai da Toyota.

---

* N. de R.T.: Na realidade, *just-in-time*, na acepção dada tanto por Toyoda Kiichiro quanto por Ohno na Toyota, quer dizer "no momento exato" em que os itens serão necessários.

** N. de R.T.: A Nagoya Technical High School é uma escola técnica de ensino médio, nos moldes da Escola Técnica Nacional e das escolas técnicas estaduais do Brasil.

Dois anos antes, o mundo viu o mercado de capitais de Nova Iorque despencar. A decorrente depressão econômica mundial afetou ainda mais profundamente a economia japonesa. Os negócios iam mal, o desemprego estava crescendo, a ambiência social era violenta e foi o ano em que o Primeiro Ministro Inukai foi assassinado.

O que me motivou a entrar para a Toyoda Spinning and Weaving foi poder usar meus conhecimentos técnicos. Os empregos eram escassos naquela época. Mas meu pai, um conhecido de Toyoda Kiichirõ, me ajudou a conseguir um lugar.

Nunca sonhei encontrar Toyoda Kiichirõ e o mundo dos automóveis. Porém, em 1942, a Toyoda Spinning and Weaving foi fechada. Em 1943, fui transferido para a Toyota Motor Company, onde entrei no agitado domínio da Toyoda Kiichirõ de produzir automóveis para o esforço de guerra.

A minha experiência na área têxtil foi valiosa. Seja na produção de carros ou na de tecidos, a relação entre operários e máquinas é basicamente a mesma. Para uma empresa privada que é parte de um setor industrial secundário, a redução de custos continua sendo o maior problema da gerência, tanto no Ocidente como no Oriente.

Antes da guerra e mesmo do automóvel, a indústria têxtil japonesa vinha lutando nas águas turbulentas do comércio mundial. A fim de alcançar e superar Lancashire e Yorkshire, as maiores regiões têxteis da Inglaterra, e para fortalecer a nossa posição internacional, nós já estávamos implementando medidas para reduzir custos. Assim, a indústria têxtil japonesa já tinha uma visão global e estava racionalizando ativamente seus métodos de produção.

Em comparação, a indústria automobilística do Japão tinha uma história curta. Antes e durante a Segunda Guerra Mundial, Toyoda Kiichirõ liderou dois grupos de engenheiros de automóveis e de gerentes de negócios numa tentativa de produzir carros em massa internamente. Mas enquanto a produção de caminhões estava atingindo quantidades razoavelmente altas, a produção de carros de passageiros ainda deixava muito a desejar.

No final dos anos 40, Toyoda Kiichirõ viu a possibilidade do seu desejo se concretizar. Em outubro de 1949, a restrição à produção de pequenos carros de passageiros foi suspensa e o controle de preços abolido. A eliminação do controle de distribuição e a transição para vendas independentes chegaram em abril de 1950. Infelizmente, mais ou menos nessa época, Toyoda Kiichirõ renunciou à presidência, assumindo a responsabilidade pela ocorrência da disputa trabalhista.

A Toyoda Spinning and Weaving (Fiação e Tecelagem Toyoda) e a Toyota Motor Company, mesmo sendo pequenas em escala, possuíam um ambiente global. Quando eu entrei para a Toyoda Spinning and Weaving (Fiação e Tecelagem Toyoda) em 1932, dois anos depois da morte de Toyoda

Sakichi, a herança do grande inventor ainda permanecia. Inconscientemente, parecia que nós sabíamos o que era "classe mundial". Passando para o mundo dos automóveis, conheci Toyoda Kiichirõ, cuja visão não era ultrapassada por ninguém. Assim, desde o início, o nosso mundo corporativo era orientado globalmente.

Dois personagens extraordinários

Os dois pilares do Sistema Toyota de Produção são a autonomação e o *just-in-time*.

A autonomação surgiu das ideias e da prática de Toyoda Sakichi. O tear autoativado do tipo Toyota que ele inventou era rápido e equipado com um dispositivo para parar automaticamente a máquina quando qualquer um dos fios torcidos rompesse ou o fio da trama finalizasse.

Uma condição primordial para produzir pelo Sistema Toyota de Produção é a total eliminação de desperdícios, de inconsistência e de excessos. Portanto, é essencial que o equipamento pare imediatamente se houver qualquer possibilidade de defeitos.

Nós aprendemos com Toyoda Sakichi que aplicar a inteligência humana às máquinas era o único modo de fazê-las trabalharem para as pessoas. O trecho seguinte é uma parte de um artigo escrito por Haraguchi Akira intitulado "Conversa com Toyoda Sakichi":

> A indústria têxtil naquele tempo não era tão grande quanto hoje. Na maioria dos casos, as mulheres mais velhas teciam em casa à mão. No meu vilarejo, toda família cultivava a terra e cada casa tinha um tear manual. Influenciado pelo meu ambiente, aos poucos, comecei a pensar sobre esta máquina de tecer manual. Às vezes, eu passava o dia todo vendo a avó na casa ao lado tecendo. Eu consegui entender como a máquina de tecer funcionava. O pano de algodão tecido era enrolado em um rolo cada vez mais espesso. Quanto mais eu observava, mais interessado eu ficava.

Toyoda Sakichi estava falando sobre a primavera de 1888, quando ele tinha 20 anos. Lendo isso, fiquei impressionado pelo modo como ele observava o dia inteiro, gradualmente entendendo como o tear operava e se tornando mais interessado enquanto observava.

Sem nenhum problema, eu sempre pergunto *por quê* cinco vezes. Este procedimento da Toyota é, na verdade, adaptado do hábito de observação de Toyoda Sakichi. Podemos falar sobre melhoria do trabalho, mas a não ser que conheçamos a produção integralmente, não podemos conseguir nada. Fique na área de produção durante todo o dia e observe; eventualmente, você irá descobrir o que deve ser feito. Eu não posso enfatizar muito isso.

70 | Sistema Toyota de Produção

Abrindo os nossos olhos e ficando na fábrica, realmente entendemos o que é desperdício. Também descobrimos maneiras de transformar "movimentos" em "trabalho", atividades que sempre nos preocupam.

O *just-in-time* surgiu diretamente das ideias de Toyoda Kiichirõ. Este segundo pilar da Toyota não tinha o mesmo objetivo, como foi o caso do tear autoativado que induziu à ideia de autonomação. Isto criou toda sorte de dificuldades.

Toyoda Sakichi foi aos Estados Unidos pela primeira vez em 1910, quando a indústria automobilística estava recém-começando. A popularidade dos carros estava aumentando e muitas empresas estavam tentando produzi-los. A Ford estava vendendo o Modelo T havia dois anos quando Toyoda Sakichi os viu no mercado.

Olhando o passado, deve ter sido tremendamente estimulante, sobretudo para um inventor como Toyoda Sakichi. Durante seus quatro meses na América, ele deve ter entendido o que era um automóvel e como ele poderia se tornar. Ao retornar ao Japão, ele frequentemente dizia que agora estávamos na era do automóvel.

Concordando com os desejos de Toyoda Sakichi, Toyoda Kiichirõ entrou no negócio de carros. A sua compreensão da indústria automobilística e do papel da América era significativo. Ele se deu conta da grande potencialidade, bem como da dificuldade, que um fabricante de automóveis encontraria lidando com incontáveis empresas periféricas e desenvolvendo um sistema empresarial compatível.

Eu fui fortemente influenciado pelas palavras de Toyoda Kiichirõ: *just-in-time*. Depois, ficava imaginando como ele tinha chegado a essa ideia. Claro, nunca posso ser objetivo, já que eu não podia perguntar diretamente a ele. Mas está claro que ele pensou muito sobre como superar o altamente desenvolvido sistema de produção de automóveis americano.

O *just-in-time* é um conceito único. Considerando o quanto é difícil entendê-lo, mesmo agora, não posso deixar de mostrar respeito pela rica imaginação de Toyoda Kiichirõ.

Aprendendo a partir do espírito inquebrantável

Os dois Toyoda tinham um espírito forte, inquebrantável. O de Toyoda Sakichi foi exposto, enquanto Toyoda Kiichirõ parece ter mantido o seu escondido.

Afirmações feitas por Toyoda Sakichi entre 1922 e 1924 se referem, enfaticamente, à ideia de que o povo japonês deveria desafiar o mundo com sua inteligência:

> Atualmente, os brancos (ocidentais) questionam quais as contribuições que o povo japonês deu para a moderna civilização. Os chineses inventaram a

CAPÍTULO 4 • GENEALOGIA DO SISTEMA TOYOTA DE PRODUÇÃO | **71**

bússola. Mas, que invenções os japoneses fizeram? Os japoneses são meros imitadores. Isto é o que eles dizem.

Portanto, os japoneses devem abordar esta situação seriamente. Não estou dizendo para lutar, mas precisamos provar nossa inteligência e nos livrar desta vergonha... Ao invés de provocar hostilidade pela competição internacional, nós devemos progredir o suficiente para mostrar o nosso potencial.

Nós tínhamos a Taka-Diastase[2] e o Dr. Noguchi Hideyo.[3] Mas estas realizações foram feitas sob a orientação de brancos (ocidentais) com sua ajuda e o uso dos seus equipamentos. Eu digo que nós devemos atingir destaque através da capacidade da nossa própria gente, sem a assistência de estranhos.

Nas afirmações de Toyoda Sakichi, percebemos um tremendo entusiasmo combinado com uma visão intuitiva. Quando Toyoda Kiichirõ nos disse para alcançar a América em três anos, ele não demonstrou o mesmo espírito de luta. Entretanto, a sua determinação revela claramente uma natureza agressiva. Estes dois homens são grandes líderes na história da Toyota.

Em novembro de 1935, na exposição dos modelos de carros da Toyota que aconteceu no setor de Shibaura, em Tóquio, Toyoda Kiichirõ repetiu o que o seu antecessor havia lhe dito: "Eu servi o nosso país com o tear. Eu quero que você o sirva com o automóvel". Esse foi o seu desejo ao morrer e é uma história que as pessoas ainda adoram contar.

Em 26 de março de 1952, um pouco antes da empresa de automóveis da Toyota entrar em operação em escala total, Toyoda Kiichirõ faleceu. Foi realmente uma grande perda. Eu acredito que o *just-in-time* tenha sido o desejo de Toyoda Kiichirõ na hora da sua morte.

O Toyotismo com uma natureza científica e racional

O "Toyotismo" foi estabelecido por Toyoda Kiichirõ. Ele estabeleceu as seguintes condições para o negócio de automóveis:

- fornecer carros para o público em geral;
- aperfeiçoar a indústria de carros para passageiros;
- produzir carros a preços razoáveis;
- reconhecer a importância das vendas na manufatura e
- estabelecer a indústria básica de materiais (matérias-primas).

Toyoda Kiichirõ escreveu um artigo, publicado em setembro de 1936, intitulado "Toyota para o Presente", o qual dá uma boa descrição do Toyotismo. Na seguinte citação, ele apresenta alguns pontos provocantes:

Por fim, os carros da Toyota estão no mercado. Eles não estão aqui hoje por causa de um simples passatempo de engenharia. Os carros nasceram de uma intensa pesquisa de numerosas pessoas, uma síntese de ideias de diferentes áreas, de esforços dedicados e de incontáveis fracassos ao longo de muito tempo.

Seria possível produzir carros para a população do Japão em geral? Três anos atrás, muitas pessoas diriam que não. Os que mais seriamente duvidavam eram aqueles com experiência na fabricação de automóveis. Nós começamos a trabalhar cedo no projeto e na pesquisa do motor. A maior parte da preparação foi concluída em 1933, e em 1° de setembro, o décimo aniversário do "grande terremoto", nós formalmente nos tornamos uma empresa produtora de automóveis.

As pessoas chamavam o negócio de imprudente. Nós fomos advertidos de como era difícil operar uma empresa de automóveis. Entretanto, sabíamos disso há vários anos e trabalhamos arduamente para nos preparar. Nós acreditávamos firmemente que a força e a experiência de Toyoda na manufatura com o tear automático fariam com que a nossa tentativa se tornasse possível. Entretanto, os problemas diferiam daqueles das máquinas de tecer, e nós percebemos que seria difícil criar a nova empresa. Então, por três anos, nós conduzimos o negócio como se fosse um passatempo.

Mas a queda inesperada na fabricação de automóveis nos forçou a tomar uma atitude empresarial, e não a de amadores. A empresa agora envolve uma obrigação para com o país. Gostássemos ou não, tínhamos que fazê-la funcionar o mais rápido possível.

Desde que decidimos entrar formalmente na produção de carros, o que temos feito?... Eu descreverei algumas das nossas preparações dos últimos três anos. A área mais importante na fabricação de carros é, sem sombra de dúvida, o problema dos materiais. Engajar-se na produção de carros sem resolver o problema dos materiais é como construir uma casa sem as fundações. No Japão, a indústria do aço é bastante avançada e pode fornecer materiais adequados exclusivamente para automóveis. Mas transformar a produção de aço em um negócio exigiria um investimento, bem como pesquisas consideráveis. Nenhum fabricante de materiais seria paciente o suficiente para dar a assistência necessária, e mesmo se fosse, não poderia continuar a pesquisa necessária indefinidamente.

O progresso dos materiais significa aperfeiçoamento do motor, e o progresso no desenvolvimento dos motores significa que os materiais precisam ser aperfeiçoados. Para obter os materiais essenciais à pesquisa de motores no Japão, nós mesmos precisamos produzi-los.

Independentemente do quanto um motor é bem feito, sua vida será curta, seu preço alto e seu desempenho medíocre se os materiais adequados não forem utilizados no momento certo. Se não podemos produzir os materiais, não podemos realizar as pesquisas necessárias sobre o automóvel. Para fazer isso, o Japão gastaria mais de 2 milhões de ienes (U$ 500.000).

Seria então possível que o Japão produzisse os materiais? A maneira mais rápida de obter uma resposta era perguntar ao professor Honda Kotaro. Assim, fui até a cidade de Sendai e perguntei a ele. Ele disse que, no momento, o Japão tinha essa capacidade e que não havia necessidade de contratar estrangeiros. Bastante aliviado, imediatamente comecei a construir uma usina de aço.

CAPÍTULO 4 • GENEALOGIA DO SISTEMA TOYOTA DE PRODUÇÃO | **73**

Alguns visitantes da nossa empresa perguntaram que porcentagem dos nossos produtos fundidos é aprovada no teste de qualidade. Para sustentar o negócio, 95% precisa ser aprovada. Senti que se estivéssemos na triste situação de ter que nos preocupar acerca da qualidade dos nossos produtos fundidos, podíamos também parar de produzir carros. Assim, encorajei os nossos operários na fábrica dizendo que seria uma vergonha para a Toyota não produzir seus próprios produtos fundidos.

Nós falhamos muitas vezes antes de injetar com sucesso os cilindros nas matrizes usando prensas de matriz com uma taxa de aprovação de mais de 90%. Finalmente obtivemos sucesso, mas com as antigas prensas de matriz que nós tínhamos usado com fornalhas elétricas para fundir peças finas para os teares. Mesmo assim, 500 a 600 cilindros foram rejeitados.

Depois de produzir 1.000 peças de um item, a maioria dos operários se tornou bastante habilitada e capaz de produzir peças sem defeitos, ainda que as 100 primeiras corridas de peças continuaram a conter algumas peças boas e outras ruins. Até que as habilidades se estabeleçam, devemos estar preparados para descartar qualquer coisa que se aproxime dos extremos. É assim que os problemas com materiais são satisfatoriamente resolvidos.

Provenha bons equipamentos mesmo que a fábrica seja simples

Toyoda Kiichirõ insistiu em ter equipamentos da melhor qualidade e trabalhou para usá-los efetivamente:

Nós sabemos que a produção de máquinas pode ser feita usando ferramentas adequadas, mas o problema é produzi-las de forma barata. A usinagem de produtos fundidos não é muito diferente da fabricação de máquinas têxteis. As máquinas têxteis devem ser produzidas em massa até uma quantidade considerável. O mesmo é verdade com os automóveis. No caso das máquinas têxteis, há muitas variedades. Já no caso dos automóveis, os tipos podem ser poucos, mas é preciso ter uma maior precisão e máquinas mais especializadas, tais como máquinas de furar e de desbastar de alta precisão.

Nós podemos conseguir ideias em outros países estudando os novos equipamentos de fabricação que estão sendo desenvolvidos por outros fabricantes de maquinaria automotiva. Nesta área, é óbvio que equipamentos avançados irão nos capacitar para fazer produtos baratos tão bons quanto aqueles produzidos em outro lugar.

Embora eu acredite que as instalações de uma fábrica possam ser tão simples quanto barracões, tento adquirir equipamentos que possam ter um desempenho perfeito, independentemente do custo. Realmente, não temos alternativa a não ser comprar máquinas que custam desde 50.000 ienes (U$ 12.500) até 60.000 ienes (U$ 15.000) cada uma. Se não estivermos preparados para gastar dinheiro com boas máquinas, não deveríamos estar fabricando carros.

Naquela época, tentei poupar dinheiro usando barracões como instalações e reduzir os gastos com pesquisas. Independentemente do quanto rissem de mim, eu teria ficado sem dinheiro se estivesse continuado a comprar coisas que não eram necessárias. A eliminação de muitos dos pequenos desperdícios nos permitiu comprar bons equipamentos.

A maquinaria deve ser escolhida cuidadosamente. A fim de evitar a aquisição de máquinas erradas e a perda de 30.000 (U$ 7.500) a 50.000 ienes (U$ 12.500), fomos à América para primeiro examiná-las.

Uma vez adquirido este tipo de equipamento caro, havíamos de aprender a manuseá-lo corretamente. Diante disso, estudamos o uso de ferramentas, porque, independentemente do quanto uma máquina seja boa, não podemos produzir grandes quantidades com precisão sem ferramentas adequadas. Precisamos de ferramentas para a produção em massa, cujo projeto e produção podem facilmente levar de três a quatro anos. Isso é o que nós temos feito desde que a Toyota comprou seu equipamento há três anos.

Após gastar três milhões de ienes em maquinaria, centenas de pessoas trabalharam arduamente durante três anos sem colocar um único carro no mercado. Os acionistas começaram a se preocupar a e imaginar quando os carros iam começar a sair da fábrica. Os encarregados também achavam que deveríamos de alguma maneira produzir um ou dois carros apenas para mostrar que estávamos realmente fazendo alguma coisa.

Entretanto, um carro feito desta maneira não seria da mais alta qualidade. Este ponto é difícil de ser entendido por gerentes e investidores. Se nós não tivéssemos tido gerentes com coragem suficiente para se comprometer audaciosamente com a fabricação de carros, não teríamos encontrado investidores para confiar nos engenheiros e deixar tudo em suas mãos.

Seria fácil se o dinheiro estivesse garantido uma vez que os carros fossem produzidos. Dinheiro, entretanto, é sempre perdido nos primeiros anos, e é por isso que esse tipo de negócio é tão difícil de estabelecer. Qualquer um que planeje uma tal empreitada e não olhe à frente é um tolo.

Nos primeiros anos, muitos gerentes pensaram dessa forma. Consideravam--me demasiadamente confiante, sem pensar no futuro.

É mais fácil operar um negócio já testado e aprovado, que utiliza métodos conhecidos e irá claramente gerar dinheiro. Dar início a um negócio difícil, que ninguém mais irá continuar, é um desafio. Mas, se ele não der certo, a culpa é totalmente sua, e você pode fazer o *harakiri* com a consciência limpa. Eu irei o mais longe possível no que se refere a automóveis. Se eu fizer algo, será para produzir carros que o público possa comprar. Sei que será difícil, mas é assim como eu comecei.

Busca de uma técnica de produção no estilo japonês

A missão de Toyoda Kiichirō, enquanto lançava as fundações do negócio automotivo, foi desenvolver uma técnica japonesa de produção, a qual exigiu inteligência.

CAPÍTULO 4 • GENEALOGIA DO SISTEMA TOYOTA DE PRODUÇÃO | **75**

Uma das razões pelas quais foi difícil desenvolver uma indústria automotiva no nosso país foi que o corpo do automóvel não poderia ser produzido em massa como na América, e é complicado estabelecer a indústria produzindo o corpo dos carros manualmente. Este sempre foi o problema mais agonizante. Alguém sugeriu a contratação de um estrangeiro. Mas isso significava importar o sistema americano de produção em massa, o que não se ajustava à nossa situação. Na época, faltava-nos quase tudo que se referia a essa indústria e estávamos, na verdade, produzindo peças à mão.

Os japoneses são, por natureza, um povo artesão e fazem muitas coisas à mão. A produção em massa, entretanto, exige o uso de prensas utilizando matrizes. Mas nós não iríamos produzir dezenas de milhões de carros como na América, e não podíamos investir a mesma quantidade de dinheiro para produzir matrizes. De algum jeito, tínhamos que combinar as prensas com a utilização de matrizes e o acabamento manual em uma maneira que evitasse copiar exatamente o método americano.

Tive que examinar a indústria inteiramente para ver o quanto ela tinha avançado. Assim, visitei as unidades na área de Tóquio com a assistência de Kawamata Kazuo. Em uma visita à Aço Sugiyama, onde eles estavam produzindo amortecedores com prensas utilizando matrizes, recebi uma ajuda inesperada. É possível que houvesse outras fábricas fazendo um trabalho similar, mas eu perguntei ao Sr. Sugiyama se ele estaria interessado em fazer o molde para o corpo do carro. Ele disse que sim. Por ter sido esta a primeira vez, e por não termos equipamentos que pudessem fazê-lo, estudamos vários métodos e fizemos o acabamento à mão.

Outros países, é claro, têm máquinas para fazer moldes. Alguns fabricantes se especializam em produzir modelos para diferentes empresas e, diferentemente do Japão, têm condições financeiras para instalar milhares dessas máquinas. Entretanto, como o acabamento manual seria mais rápido e menos oneroso, decidimos fazê-lo manualmente naquela ocasião e produzir um primeiro molde bruto em mais ou menos um ano e meio. Adianto que essa área precisa de pesquisas futuras.

O próximo ponto é que folhas de metal de primeiríssima qualidade facilitam muito a produção de moldes para as prensas de matriz assim, pedimos ao professor Mishima Tokushichi para estudar as folhas de metal. Durante uma viagem ao exterior, ele aprendeu algumas técnicas avançadas que irão nos capacitar a aperfeiçoar bastante os nossos produtos. Temos experiência em revestimentos e coberturas e não necessitaremos de assistência nestas áreas.

Finalmente, na montagem, precisamos de equipamentos, de trocas de ferramentas e de habilidade na área de montagem. Os japoneses são competentes com suas mãos e o treinamento não será problema. No futuro próximo, tenho certeza de que poderemos produzir carros melhores e mais baratos do que os fabricantes estrangeiros.

Fazendo produtos que têm valor

Com a promulgação, em maio de 1936, da lei das empresas de produção de automóveis, os fabricantes de carros do país passaram a ter proteção e assistência do governo. Segundo essa lei, as empresas da indústria automotiva necessitavam de uma autorização do governo e o crescimento da indústria automobilística nacional seria protegido pela supressão das empresas de montagem de carros estrangeiros. Essa foi uma poderosa política protecionista do governo.

Entretanto, Toyoda Kiichirō reconheceu que o mercado sempre demanda produtos a preços razoáveis. Embora ele acreditasse que a legislação impediria a concorrência desenfreada, receava que se a confiança nela fosse demasiada, ela iria eventualmente forçar os consumidores a abandonar a indústria nacional. Como uma advertência pessoal, os seus escritos revelam sua preocupação para com a autorresponsabilidade nos negócios privados:

> Utilizando o nosso conhecimento atual, podemos pelo menos produzir a forma de um automóvel. O progresso futuro dependerá de pesquisa acadêmica. Entretanto, o problema atual é que, independentemente do quanto seja bom o carro que nós produzirmos, isso nada significará a menos que o façamos economicamente.
>
> No fim, esse problema está relacionado ao preço. Que quantidade devemos produzir no Japão para nos capacitar a vender carros nacionais a preços razoáveis? Ninguém pode saber esse número com certeza.
>
> Os carros têm que ser vendidos a preços que sejam razoáveis hoje. Mas o que é razoável? Sabemos que os nossos carros não serão vendidos se não forem mais baratos do que os modelos estrangeiros. Poderíamos conseguir vender de 50 a 100 carros por mês, apelando para o patriotismo, mas vender 200 ou 500 seria difícil. No fim, os preços têm que ser competitivos. Um consumidor automaticamente fica satisfeito ao comprar alguma coisa a um preço menor.
>
> Com a experiência que temos na compra de equipamentos, sabemos que, algumas vezes, os preços são rebaixados mais do que o necessário. Os carros vendidos para órgãos governamentais podem ter o preço desejado, mas, em outros casos, os preços precisam ser rebaixados. Apelar para o patriotismo aqui seria inútil. Se os preços não forem mantidos baixos, não seremos capazes de vender centenas de carros por mês.
>
> Um marketing e uma propaganda bem feitos poderiam nos permitir iludir os compradores por um tempo, mas não por muito tempo. À medida que as pessoas souberem o valor dos carros nacionais, elas somente irão adquiri-los se os preços forem proporcionais. Elas não irão comprá-los somente para o bem do país.
>
> É um produto novo e precisamos investir o dinheiro para produzi-lo bem e para manter os preços baixos. Para produzir e vender carros no mercado interno, os fabricantes precisam considerar cuidadosamente se eles podem ou não equilibrar suas contas com tais preços.

Felizmente, a legislação que regula os negócios de produção de automóveis tem sido implementada em alguns aspectos. Entretanto, se ela subir os preços tanto dos carros estrangeiros quanto dos domésticos, só poderemos culpar a nós mesmos. A legislação deveria permitir o aperfeiçoamento da produção de carros nacionais de forma que os consumidores pudessem pagar menos. Sob esse aspecto, temos uma grande responsabilidade, mas, ao mesmo tempo, no começo, não podemos oferecer preços baixos.

Podemos realmente produzir internamente carros econômicos? Preços baixos são uma coisa boa, mas se eles significarem materiais inferiores, pouca qualidade e, finalmente, produtos sem condições de uso, nada foi conseguido. Como iremos romper esse dilema? A legislação sobre a produção de automóveis seria útil na redução das pressões da concorrência, especialmente em relação à baixa dos preços aquém do valor real praticada pelas bem estabelecidas companhias estrangeiras. Em condições de concorrência leal, entretanto, precisamos confiar na nossa própria capacidade.

A visão de um jogador de xadrez

Toyoda Sakichi e Toyoda Kiichirõ tiveram uma perspectiva empresarial internacional e foram muito bons em perceber o mundo como um todo. Eles tinham a visão de chegar sempre no coração da questão. Ambos passaram suas vidas basicamente nas áreas de produção, olhando as coisas realística, calma e objetivamente.

Uma pessoa que permanece numa área de produção pode acabar limpando os cantos de uma enorme caixa com uma escova de dentes. Toyoda Sakichi e Toyoda Kiichirõ eram diferentes, e sempre estudaram a situação globalmente. Eles possuíam a ampla visão dos jogadores de xadrez e estavam constantemente projetando estratégias. Eles sabiam como dar o xeque-mate.

Na entrevista a Haraguchi Akira, descobrimos que Toyoda Sakichi foi um inventor genial:

> Ele não lia catálogos ou livros. Ele não tirava nada de revistas ou jornais. Ele nunca pedia informações ou usou algo dos outros para uma invenção. Ele nunca estudou matemática ou física. O seu pensamento e invenção eram completamente desenvolvidos por ele mesmo. Nenhum professor de matemática ou perito em mecânica podia encontrar defeitos nas suas invenções. A sua lógica se enquadrava em todos os princípios científicos.
>
> Como suas invenções surgiam diretamente da prática efetiva, elas nem sempre seguiam os princípios científicos. Entretanto, quando aplicadas suas invenções, produziam resultados melhores. Enfim, ele colocou as suas ideias em ações; não em palavras.
>
> Eles não utilizava consultores ou assistentes. Era independente e sozinho. Ele não tinha um laboratório especial de pesquisa ou quaisquer materiais de referência ao seu lado. A sala de estar da sua casa era o seu laboratório e es-

78 | Sistema Toyota de Produção

critório. Ele não recebia visitas e não telefonava para ninguém. Ele ficava da manhã à noite sentado na sala olhando para o teto e para a superfície do seu colchão, ponderando as coisas silenciosamente. Desta forma, ele gerou uma centena de patentes.

Encontrar um assunto para pensar, olhar fixamente para um objeto até que praticamente um furo o atravesse e encontrar a sua natureza essencial. Parar e observar um dia inteiro o trabalho de uma vó sozinha no tear manual. Foi assim que Toyoda Sakichi se inspirou e investigou os fatos.

Ele foi ao exterior para fazer observações em primeira mão. Não podemos deixar de ficar impressionados pela sua natureza progressista. Ele expandia uma ideia até a sua capacidade total e, no momento seguinte, a condensava até a sua menor forma. Em termos de xadrez, ele tinha tanto uma visão integral do tabuleiro como também a capacidade de dar o xeque-mate.

Em 1911, Toyoda Sakichi viajou pela Europa e pelos Estados Unidos. Antes disso, sob circunstâncias adversas e complicadas, deixou a Toyoda Spinning and Weawing (Companhia Toyoda de Fiação e Tecelagem). Mas, na América, quando ele viu os teares automáticos da Northrop e da Ideal System, considerando os avanços excepcionais do período, reconheceu a superioridade de suas invenções. Assim, depois de viajar pelo exterior, restabeleceu-se e novamente mostrou o seu inquebrantável espírito.

Naquela época na América, ele também viu carros. Imediatamente, decidiu entrar para a fabricação de automóveis após o tear automático. Na sua mente, seus teares e o automóvel estavam fortemente relacionados.

O tear autoativado de Toyoda Sakichi e o tear do tipo anelado tinham coisas em comum com os automóveis. Ambos funcionavam automaticamente usando a força de uma máquina. Também em termos de ideia e de aplicação, o tear do tipo anelado, superando a limitação do comprimento do fio na confecção têxtil, era similar à natureza ilimitada de um automóvel correndo livremente numa estrada sem trilhos.

A imaginação de Toyoda Sakichi, embora ilimitada, era sempre realista. Ao retornar da América, diz-se que ele anunciou: "De agora em diante, é o automóvel".

Assim, na sua mente, além de teares, estava se formando uma visão da indústria automotiva japonesa desde uma visão de enxadrista.

Na busca por algo japonês

O caminho de Toyoda Sakichi para Toyoda Kiichirõ e depois para a atual Toyota Motor Company é o caminho da moderna indústria japonesa, que está se desenvolvendo e amadurecendo. A linha que os une é a busca de uma tecnologia de origem japonesa.

Em 1901, Toyoda Sakichi pensou pela primeira vez em inventar um tear autoativado. Vinte e cinco anos de desenvolvimento mais tarde, a ideia estava totalmente executada pelo povo japonês. Esse era o desejo de Toyoda Sakichi, e ele foi realizado.

Analisando os seus registros, encontramos uma intensa e desafiadora atitude em relação aos europeus, um sentido de rivalidade. Ele mesmo disse que era uma rivalidade inteligente, uma percepção que estava à frente do seu tempo.

A missão de Toyoda Sakichi na vida, nos negócios e no mundo era cultivar e treinar a inteligência natural do povo japonês, vender produtos japoneses originais, produzidos por essa inteligência, e aumentar a riqueza nacional do Japão.

Toyoda Sakichi vendeu o seu bem-desenvolvido intelecto na forma das suas patentes. Hoje, podemos chamar o desenvolvimento e a produção do tear autoativado de Toyoda Sakichi de uma indústria de alta densidade, uma indústria do "como fazer".

A Platt Brothers, da Inglaterra, comprou a patente do tear em 1930. É uma história bem conhecida a de que um milhão de ienes (U$ 500.000) resultante desse acordo, foi gasto em pesquisa de automóveis.

Eu fico impressionado pela tenacidade de Toyoda Sakichi em utilizar a inteligência japonesa que ele tanto considerava. Ele acreditava que as empresas japonesas, assim como o país, continuariam atrasados em relação ao mundo da Europa e dos Estados Unidos, a menos que a criatividade e a tecnologia original dos japoneses fossem descobertas. Construir essa consciência nacional tornou-se seu objetivo pessoal.

O atual papel do Japão no mundo das compras e vendas de mercadorias é muito grande. Na verdade, esse papel é por vezes tão grande que causa atrito. Superar esse problema vai exigir alguns acordos acertados politicamente quanto a quantidades. Quando penso em termos puramente econômicos, chego à conclusão de que temos que exportar mercadorias com alto valor agregado que sejam comercializáveis também no mercado interno. Como Toyoda Sakichi costumava dizer, isso quer dizer mercadorias que exigem muita força mental. Ao final, talvez tenhamos que exportar a própria inteligência.

Toyoda Sakichi buscou e desenvolveu uma tecnologia japonesa original. Não conheço exemplo melhor do que o de Toyoda Sakichi, que não se confinou em uma torre de marfim, mas descobriu coisas para estudar na vida real, inventando e comercializando o tear autoativado, o qual atingiu o mais alto nível mundial de projeto e de desempenho mecânico. Embora muitas grandes ideias surjam do mundo acadêmico, poucas invenções nascem na indústria ou se tornam o princípio organizador da própria indústria. No Japão, especialmente, tais exemplos são raros.

O Taka-Diastase desenvolvido pelo Dr. Takamine Jōkichi foi obviamente uma criação japonesa, como Toyoda Sakichi ressaltou, mas o trabalho foi realizado em um laboratório estrangeiro. Embora isso não diminua o seu valor, ele é, com certeza, diferente de onde e como a invenção de Toyoda Sakichi foi conseguida. Ainda havia poucas realizações científicas japonesas, e o solo para fazer crescer tais realizações não era muito fértil. Por essa razão, as realizações de Toyoda Sakichi eram únicas.

Em relação ao perspicaz discernimento de Toyoda Kiichirō, no seu artigo "Toyota para o Presente", citado anteriormente, ele disse que a qualidade da placa de metal usada nas prensas de matriz afeta muito a elaboração do molde. É muito mais fácil fazer moldes usando folhas de metal de alta qualidade, questão sobre a qual o Dr. Mishima Tokushichi foi convidado a estudar.

O aço MK, inventado pelo Dr. Mishima, foi uma das poucas descobertas japonesas, juntamente com a ferrita e o magneto NKS inventado pelo Dr. Honda Kotaro. As expectativas de Toyoda Kiichirō eram extremamente elevadas. Infelizmente, a companhia alemã Bosh e a General Eletric dos Estados Unidos fizeram grandes esforços para aplicar essas invenções. Mesmo assim, Toyoda Kiichirō os observou mais atentamente do que qualquer outro empresário japonês.

A cada oportunidade, Toyoda Kiichirō enfatizava a importância da cooperação entre a academia e a indústria no estabelecimento de negócios como a fabricação de carros.

Ele achava que, em tudo, era essencial um embasamento sólido.

Testemunhando uma evolução dialética

Antes do seu envolvimento com automóveis, Toyoda Kiichirō trabalhou com máquinas de tecelagem. Muitos dos nossos anciões ajudaram Toyoda Sakichi em sua grande invenção, colocando-a para funcionar nas empresas. Eles trabalhavam nos bastidores, desconhecidos pelo mundo exterior. No início, Toyoda Kiichirō trabalhou arduamente sob a autoridade de Toyoda Sakichi, desenvolvendo e comercializando os teares automáticos, vendendo-os para empresas estrangeiras e negociando contratos, e assim por diante.

Embora interessado em automóveis desde o início, talvez tenha sido durante a sua viagem pela Europa e pelos Estados Unidos em 1930, quando foi à Inglaterra para negociar com a Platt Brothers, que ele foi mais fortemente influenciado. Nova Iorque, em especial, deve tê-lo chocado com a inundação de automóveis. Quando Toyoda Kiichirō retornou, Toyoda Sakichi, acamado, pediu a ele que relatasse em detalhes a situação do automóvel nos Estados Unidos e na Europa. Então, Toyoda Sakichi o instruiu para investir o um milhão de ienes da Platt Brothers em pesquisa automotiva, um surpreendente

CAPÍTULO 4 • GENEALOGIA DO SISTEMA TOYOTA DE PRODUÇÃO | **81**

ato de coragem e visão. Toyoda Kiichirõ deve ter sido tomado por uma tremenda excitação e por um senso de responsabilidade quando recebeu essas instruções.

Vejo as mudanças no período de Toyoda Sakichi a Toyoda Kiichirõ como uma época de evolução. No mesmo sentido, vejo as mudanças desde Toyoda Kiichirõ até hoje como uma evolução similar e contínua. Nessa evolução, há montanhas e vales. Há sucessos e fracassos. Há situações favoráveis e desfavoráveis. Há movimento e estagnação. O fluxo de um córrego é, às vezes, rápido, e, outras vezes, lento; algumas vezes o córrego parece estar secando.

Na evolução da Toyota, alguma coisa no córrego tem sido contínua, sólida e baseada na criatividade japonesa. Toyoda Kiichirõ se deu conta, melhor do que ninguém, de que as coisas não podem ser alcançadas em um único dia. Ele estava ansioso para aprender, o mais rápido possível, as bases da fabricação de automóveis da General Motors e da Ford. Ele comprou materiais dos fabricantes americanos para compará-los com aqueles produzidos no Japão, e então procurou um método japonês de produção.

Em 1933, Toyoda Kiichirõ anunciou o objetivo de desenvolver carros produzidos nacionalmente para o público em geral:

> Nós aprenderemos técnicas de produção do método americano de produção em massa. Mas nós não iremos copiá-las como são. Usaremos as nossas próprias pesquisa e criatividade para desenvolver um método de produção que seja adequado à situação do nosso próprio país.

Acredito que esta foi a origem da ideia de *just-in-time* de Toyoda Kiichirõ.

A inovação verdadeira – e eu me refiro à inovação tecnológica real – também traz algum tipo de reforma social. Assim como o modelo A da Ford, o tear autoativado de Toyoda Sakichi também trouxe uma revolução industrial.

O mundo do automóvel em que Toyoda Kiichirõ entrou era, num sentido amplo, uma indústria múltipla. A fim de diminuir a diferença entre as indústrias americana e japonesa de automóveis e criar um sistema de produção nacional, ele teve que explorar maneiras para aprender a tecnologia básica, dominar as diferentes tecnologias de produção, organizar o sistema de produção e encontrar uma tecnologia de produção exclusivamente japonesa.

Assim, Toyoda Kiichirõ deve ter imaginado claramente o *just-in-time* como o primeiro passo na evolução de um sistema japonês de produção. Ele é, na verdade, o ponto de partida do Sistema Toyota de Produção, constituindo a sua estrutura básica. Portanto, podemos ver como a busca pela originalidade japonesa fluiu para o desenvolvimento criativo do Sistema Toyota.

De Toyoda Sakichi a Toyoda Kiichirõ e até o presente, a Toyota, como uma empresa, tem conseguido evoluir envolvida por enormes mudanças internas e externas, processo que pode ser chamado de uma evolução dialética.

A verdadeira intenção do Sistema Ford

O Sistema Ford e o Sistema Toyota

Henry Ford (1863 – 1947) criou, sem dúvida alguma, o sistema de produção automotiva. Estritamente falando, deve haver tantas maneiras de se fazer carros quanto há companhias automotivas ou plantas de fabricação individual de automóveis. Isso se dá porque os métodos de produção refletem a filosofia do gerenciamento empresarial, bem com a individualidade da pessoa responsável pela planta. Entretanto, a base da produção automotiva enquanto indústria moderna é o sistema de produção em massa que o próprio Ford praticou.

O Sistema Ford simboliza, mesmo hoje, a produção em massa e as vendas na América. Trata-se de um sistema de produção em massa baseado no fluxo do trabalho, por vezes denominado sistema de automação.

Esse é o verdadeiro sistema de produção em massa, segundo o qual a matéria bruta é usinada e transportada em correias transportadoras para ser transformada em peças de montagem. Os componentes de vários tipos são então fornecidos a cada um dos processos de montagem finais, sendo que a própria linha de montagem se movimenta a uma velocidade regular enquanto as peças são montadas, para, finalmente, tornarem-se carros totalmente montados saindo da linha, um a um.

A fim de esclarecer a diferença entre os Sistemas Ford e Toyota de Produção, vamos, primeiramente, examinar o Sistema Ford de Produção.

Charles E. Sorensen, o primeiro presidente da Ford Company, originalmente liderava a produção e foi, portanto, um homem importante na história da Ford. O seu livro *Meus Quarenta Anos com Ford*, dá conselhos e descreve

84 | Sistema Toyota de Produção

a história do desenvolvimento da Ford. O seguinte excerto retrata de forma viva o início e a evolução do Sistema Ford:

> Como se pode imaginar, o trabalho de se montar o carro era mais simples do que o manuseio dos materiais necessários à sua montagem. Charlie Lewis, o mais jovem e mais agressivo dos nossos homens na linha de montagem, e eu enfrentamos o problema. Nós o fizemos funcionar gradualmente trazendo somente o que denominávamos materiais de movimento rápido. As principais peças volumosas, como motores e eixos, precisavam de muito espaço. A fim de obter esse espaço, deixamos as peças menores, mais compactas e de fácil manuseio, em um depósito no canto noroeste da fábrica. Então, combinamos com o departamento de estoque para que trouxessem em horários regulares as divisões de material que havíamos marcado e empacotado.
>
> Essa simplificação do manuseio ajeitou as coisas do ponto de vista material. Mas, por melhor que fosse, não gostei. Foi então que tive a ideia de que a montagem tornar-se-ia mais fácil, simples e rápida se movêssemos o chassis junto, iniciando-se em uma ponta da fábrica com uma estrutura e acrescentando os eixos e as rodas; depois, movendo-o até o estoque, em vez de trazer o estoque até o chassis. Pedi à Lewis que dispusesse o material no chão a fim de que o material necessário para se iniciar a montagem estivesse naquela parte da planta e as outras peças estivessem ao longo da linha conforme o chassis fosse sendo movido. Passamos todos os domingos de julho fazendo este planejamento. Assim, num domingo pela manhã, depois que o estoque estava colocado naquela disposição, Lewis e eu, além de alguns colaboradores, montamos o primeiro carro, tenho certeza, jamais construído numa linha móvel.
>
> Fizemos isso simplesmente colocando a estrutura na derrapagem, puxando um cabo de rebocar para a ponta da frente e puxando a estrutura até que os eixos e as rodas fossem colocados. Então, rolamos o chassis em talhes para vermos o que poderia ser feito. Enquanto demonstrávamos essa linha móvel, trabalhamos em algumas das submontagens, tais como a de completar um radiador com todos os seus tubos de modo que pudéssemos colocá-lo rapidamente no chassis. Também fizemos isso com o painel e montamos a embreagem e a bobina.

Esta é a descrição da cena da primeira experiência no estabelecimento do fluxo de trabalho na Ford. A forma básica desse fluxo de trabalho é comum a todas as empresas automotivas do mundo. Embora hoje alguns fabricantes – Volvo, por exemplo – utilizem apenas uma pessoa para montar todo o motor, em geral o fluxo principal de manufatura ainda utiliza o sistema de fluxo de trabalho ou automação implantado por Ford. Ainda que os eventos descritos por Sorensen tenham acontecido por volta de 1910, o padrão básico mudou muito pouco.

Assim como o Sistema Ford, o Sistema Toyota de Produção está baseado no sistema de fluxo de trabalho. A diferença está no fato de que, enquanto

Sorensen preocupou-se com o armazenamento das peças, a Toyota eliminou o "depósito".

Produção em pequenos lotes e troca rápida de ferramentas

Fazer grandes lotes de uma única peça, isto é, produzir uma grande quantidade de peças sem uma troca de matriz, é ainda hoje uma regra de consenso de produção. Essa é a chave do sistema de produção em massa de Ford. A indústria automotiva americana tem mostrado continuamente que a produção em massa planejada tem o maior efeito na redução de custos.

O Sistema Toyota de Produção toma o curso inverso. O nosso slogan de produção é "produção em pequenos lotes e troca rápida de ferramentas." Por que somos tão diferentes – na verdade, o oposto – do Sistema Ford?

Por exemplo, o Sistema Ford advoga os grandes lotes, lida com vastas quantidades e produz muito inventário. Por contraste, o Sistema Toyota trabalha com a premissa de eliminar totalmente a superprodução gerada pelo inventário e os custos relacionados a operários, à propriedade e a instalações necessárias à gestão do inventário. Para atingir isso, praticamos o sistema *Kanban,* segundo o qual um processo posterior vai até um processo anterior para retirar peças necessárias "apenas-a-tempo" (*just-in-time*).

Para ter certeza de que o processo anterior produz somente tantas peças quantas forem apanhadas pelo processo posterior, os operários e o equipamento em cada processo de produção devem estar capacitados a produzir o número de peças necessárias quando forem necessárias. Entretanto, se o processo posterior varia sua tomada de materiais em termos de tempo e quantidade, o processo anterior deve estar preparado para ter disponível a quantidade máxima possivelmente necessária na situação de flutuação. Este é obviamente um desperdício que faz aumentar muito os custos.

A eliminação total de desperdício é a base do Sistema Toyota de Produção. Consequentemente, a sincronização da produção é praticada com rigidez e a flutuação é nivelada ou suavizada. Os tamanhos dos lotes são diminuídos e o fluxo contínuo de um item em grande quantidade é evitado.

Por exemplo, não consolidamos toda a produção do Corona durante a manhã e a produção do Carina durante a tarde. Os Coronas e Carinas são sempre produzidos em uma sequência alternada.

Em resumo, naquilo que o Sistema Ford tem fixa a ideia de produzir em uma só vez uma boa quantidade do mesmo item, o Sistema Toyota sincroniza a produção de cada unidade. A ideia por trás dessa abordagem é a de que, no mercado, cada consumidor adquire um carro diferente, e assim, na fabricação, os carros devem ser feitos um por vez. Mesmo no estágio da produção de peças, cada peça é produzida uma de cada vez.

86 | Sistema Toyota de Produção

A fim de se ter uma produção sincronizada e reduzir os tamanhos dos lotes, são necessárias trocas rápidas de prensas de matriz. Nos anos 40, no departamento de produção da Toyota, as trocas de ferramentas em grandes processos levavam de duas a três horas. Então, por eficiência e economia, as mudanças de prensas de matriz eram evitadas o máximo possível. No início, a ideia de troca rápida de ferramenta encontrou grande resistência na área de produção.

A troca de ferramenta era considerada um elemento que reduzia eficiência e aumentava os custos – e parecia não haver razão para que os operários quisessem entusiasticamente mudar as matrizes. Entretanto, nesse ponto, tivemos de pedir-lhes que mudassem de atitude. As trocas rápidas constituem um requisito absoluto para o Sistema Toyota de Produção. Ensinar aos operários a reduzir os lotes e os tempos de troca de ferramentas exigiu repetidos treinamentos no local de trabalho.

Nos anos 50, quando o nivelamento da produção estava sendo introduzido na Toyota, o tempo de troca de ferramentas foi reduzido para menos de uma hora, algumas vezes abreviado para 15 minutos. Esse é um exemplo de treinamento de operários com a finalidade de suprir necessidades mudando aquilo que se considera como consenso.

A General Motors, a Ford e os fabricantes de carros europeus têm aperfeiçoado e refinado seus processos de produção do seu próprio jeito. Contudo, eles não têm tentado a sincronização da produção que a Toyota tem trabalhado para alcançar.

Utilizando uma grande prensa de matriz como um exemplo, os fabricantes americanos e europeus ainda levam bastante tempo para troca, talvez porque não haja necessidade de apressar-se. Porém, os lotes continuam grandes e eles continuam a buscar a produção em massa sob um sistema de produção planejado.

Afinal, que sistema encontra-se em uma posição superior: o da Ford ou o da Toyota? Devido ao fato de que ambos são aperfeiçoados e inovados diariamente, não se pode estabelecer uma conclusão. Entretanto, acredito firmemente que, como método de produção, o Sistema Toyota é o mais adequado para os períodos de baixo crescimento.

A visão de futuro de Henry Ford

Sorensen escreve que Henry Ford não foi o pai do sistema de produção em massa, e sim um patrocinador do mesmo. Nem todos concordariam com essa afirmação. Eu, por exemplo, reverencio a grandeza de Ford. Acredito que se o rei dos carros americanos ainda estivesse vivo, estaria, com certeza, orientando-se na mesma direção da Toyota.

CAPÍTULO 5 • A VERDADEIRA INTENÇÃO DO SISTEMA FORD | **87**

Acredito que Ford era um racionalista nato, e confirmo isso cada vez que leio seus escritos. Ele possuía uma maneira deliberada e científica de pensar sobre a indústria na América. Por exemplo, nas questões de padronização e de natureza do desperdício nos negócios, a percepção de Ford era ortodoxa e universal.

O seguinte excerto do livro escrito por Ford: *Hoje e Amanhã*, revela a sua filosofia de indústria. O referido excerto foi retirado do capítulo intitulado "Aprendendo com o Desperdício":

> A conservação de nossos recursos naturais removendo-os do uso não é um serviço para a comunidade. Trata-se da manutenção da antiga teoria de que uma coisa é mais importante do que um homem. Os nossos recursos naturais são amplos para todas as nossas necessidades atuais. Não temos de nos preocupar com eles enquanto recursos. A nossa preocupação deve, sim, estar voltada para o desperdício de mão de obra.
>
> Tome um veio de carvão em uma mina. Enquanto estiver na mina, não terá importância, mas quando uma grande quantidade de carvão é mineirada e enviada a Detroit, torna-se importante, porque então representará uma certa quantidade de trabalho de homens usados na sua mineiração e no transporte. Se desperdiçarmos aquela quantidade de carvão – que é uma outra forma de dizer que não estamos utilizando seu valor – então estaremos desperdiçando o tempo e a energia de homens. Um homem nunca será pago o suficiente para produzir algo que será desperdiçado.
>
> A minha teoria acerca do desperdício baseia-se na coisa em si, no trabalho que deu para ser produzida. Queremos retirar o valor total da mão de obra de modo que possamos pagar-lhe o valor total. É o uso – não a conservação – que nos interessa. Queremos utilizar o material ao máximo a fim de que o tempo dos homens não tenha sido em vão. Os custos materiais nada significam, não têm a menor importância até chegar às mãos da administração. Poupar material porque é material e poupar material porque representa trabalho pode parecer a mesma coisa. Mas a abordagem faz uma grande diferença. Utilizaremos um material com muito mais cuidado se pensarmos nele em termos de horas de trabalho. Por exemplo: não desperdiçaremos material tão facilmente apenas porque podemos recuperá-lo, pois essa recuperação exigirá trabalho. O ideal é não ter nada para recuperar.
>
> Possuímos um grande departamento de recuperação, o qual aparentemente rende para nós vinte ou mais milhões de dólares por ano. Este assunto será mencionado novamente no final deste capítulo. Porém à medida que este departamento cresceu e se tornou mais importante e adquiriu valor mais impactante, começamos a nos perguntar:
>
> Por que temos tanto a recuperar? Não estamos dando mais atenção à recuperação do desperdício do que ao fato de não desperdiçar?
>
> E com esse pensamento em mente fomos examinar todos os nossos processos. Um pouco do que fizemos no sentido de poupar mão de obra prolongando-se maquinaria já foi dito, e o que estamos fazendo com carvão, madeira,

energia e transporte será dito nos próximos capítulos. Isso tem a ver somente com o que era desperdício. Nossos estudos e investigações até agora resultaram na poupança de 80.000.000 libras de aço por ano, que anteriormente iam para o refugo e tinham de ser retrabalhadas com o consumo de mão de obra. Isso significa cerca de três milhões de dólares por ano, ou, falando melhor, trabalho desnecessário na nossa escala de salários de mais de dois mil homens. E essa poupança ocorreu de forma tão simples que agora nos perguntamos por quê não realizamos isso antes.

Padrões são algo a ser estabelecido por você mesmo

Em 1937 ou 1938, quando ainda trabalhava para a Toyoda Spinning and Weaving, meu chefe me disse para preparar uma folha de trabalho padrão para a tecelagem. Como mencionei antes, achei a tarefa muito difícil. Desde então, tenho continuamente pensado no que significa a palavra "padrão" em trabalho padrão.

Os elementos a considerar no trabalho padrão são: operário, máquina e materiais. Se não os combinarmos efetivamente, os operários se sentirão alienados e incapacitados de produzir com eficácia.

Os padrões não devem ser estabelecidos de cima para baixo, e sim pelos próprios operários da produção. Somente quando o sistema da planta é considerado como um todo que os padrões para cada departamento de produção tornam-se livres de defeitos e flexíveis.

Nesse sentido, os padrões deveriam ser concebidos não apenas como os padrões do departamento de produção, mas também como padrões da alta cúpula. Vamos ver a opinião de Ford acerca de padrões no seu livro *Hoje e Amanhã*:

> As pessoas devem agir com cautela ao fixarem padrões, pois é consideravelmente mais fácil estabelecer padrões errados do que padrões certos. Existe a padronização que significa inércia e a padronização que significa progresso. Aí está o perigo de se falar vagamente acerca da padronização.
>
> Há dois pontos de vista – o do fabricante e o do consumidor. Suponha, por exemplo, que um comitê ou um departamento do governo examinasse cada setor da indústria para descobrir quantos estilos e variedades da mesma coisa estivessem sendo produzidos, e então eliminasse o que eles considerassem inútil e estabelecessem o que poderiam ser denominados padrões nacionais. O público teria algum benefício? Nem um sequer, exceto no caso de guerra, quando toda a nação tem de ser considerada como uma unidade de produção. Em primeiro lugar, nenhum homem conseguiria ter o conhecimento necessário para estabelecer padrões, porque tal conhecimento tem que vir de dentro de cada unidade fabricante e, de modo algum, de fora. Em segundo lugar, presumindo-se que eles tivessem o conhecimento, então esses padrões,

embora talvez produzindo uma economia passageira, iriam no final impedir o progresso, porque os fabricantes estariam satisfeitos em estabelecer padrões em vez de fabricar visando ao atendimento do público; no fim, a engenhosidade humana seria, então, obscurecida ao contrário de estimulada.

Percebemos no modo de pensar de Ford sua crença forte de que o padrão é algo que não dever ser ordenado de cima. Seja o governo federal, a alta cúpula de gerenciamento ou o gerente da planta, a pessoa que estabelece o padrão deve ser alguém que trabalha na produção. Se não for assim, enfatiza Ford, o padrão não conduzirá ao progresso. E eu concordo.

Na busca por uma definição de padrões, o pensamento de Ford se estende ao futuro das empresas privadas e da indústria:

> A condição da indústria não é a de um mundo padronizado, automático, no qual as pessoas não necessitarão de cérebros. Sua condição é a de um mundo no qual as pessoas terão a chance de usar o seu cérebro, pois elas não estarão ocupadas da manhã à noite na busca da sua sobrevivência. O verdadeiro fim da indústria não é o de moldar as pessoas todas no mesmo formato; não é o de elevar o trabalhador a uma falsa posição de supremacia – a indústria existe para servir ao público do qual o trabalhador faz parte. O verdadeiro fim da indústria é o de libertar a mente e o corpo do trabalho cansativo da existência, fornecendo ao mundo produtos bem feitos, de baixo custo. Até onde esses produtos podem ser padronizados é uma questão, não para o Estado, mas para o fabricante individual.

A visão de futuro de Ford é claramente revelada aqui. Vemos que a automação e o sistema de fluxo de trabalho inventada e desenvolvidos por Ford e seus colaboradores nunca carregaram a intenção de fazer com que os operários trabalhassem cada vez mais, que os fizessem se sentir conduzidos por suas máquinas e alienados de seu trabalho. Entretanto, como em tudo mais, indiferente a boas intenções, uma ideia nem sempre se desenvolve na direção esperada por seu criador.

Traçando o conceito de evolução do fluxo de trabalho feito por Ford e seus associados, acho que sua verdadeira intenção era ampliar um fluxo de trabalho da linha de montagem final a todos os outros processos, isto é, do processamento da máquina para as prensas, que corresponde aos processos anteriores no nosso Sistema Toyota.

Estabelecendo-se a fluência que relaciona não somente a linha de montagem final, mas todos os processos, reduzir-se-ia o tempo de atravessamento. Talvez Ford tivesse previsto tal situação quando usou a palavra "sincronização". Entretanto, os sucessores de Ford não fizeram com que a produção fluísse como Ford desejou. Eles acabaram chegando ao conceito de que "quanto maior o lote; melhor." Isso constrói uma barreira, por assim dizer, e para o fluxo nos processos de usinagem e de estamparia.

90 | Sistema Toyota de Produção

Como já mencionei, os sindicatos de trabalhadores ao estilo americano podem também ter obstruído a flexibilidade do trabalho na área de produção, mas não acredito que essa tenha sido a única causa. Uma das principais razões é que os sucessores de Ford interpretaram mal o sistema de fluxo de trabalho. O processo final é, realmente, um fluxo de trabalho, mas em outras linhas de produção, acho que eles estavam forçando para que o trabalho fluísse.

No curso do desenvolvimento do Sistema Toyota de Produção – mudando de um fluxo de trabalho forçado para um fluxo de trabalho real –, a inteligência humana foi transferida para um número incontável de máquinas. Dessa maneira, os dois pilares, *just-in-time* e autonomação, constituíram o meio para compreender tanto o sistema quanto a sua finalidade.

A prevenção é melhor do que a cura

A fim de prepararem-se para futuros desastres naturais, as pessoas estão habituadas a estocar mantimentos. Um exemplo disso são os povoamentos de agricultores japoneses. Embora não constitua necessariamente um mau costume social, não tem, na minha opinião, nenhum valor na indústria. Estou me referindo ao modo como os gerentes atuais estocam matérias-primas bem como produtos acabados a fim de poder suprir uma demanda inesperada.

As empresas estão relacionadas com o mundo exterior. Então, por que estocar coisas para a sua própria segurança? Como sempre digo, essa tendência de estocar coisas é o princípio do desperdício no mundo dos negócios.

"Se uma máquina nova é adquirida, mantenham-na funcionando o tempo todo...enquanto estiver funcionando bem, deixe a máquina produzir o máximo de sua capacidade...no caso dela apresentar algum defeito no futuro, deixem-na produzindo enquanto consegue". Essa maneira de pensar ainda está bastante arraigada nas mentes dos fabricantes.

Em uma era de crescimento econômico lento, tais ideias não funcionam mais, porém a tendência de produzir e de estocar é ainda bastante forte. Se o princípio estabelecido de *just-in-time* da Toyota funciona, certamente não há necessidade de se estocar matérias primas e produtos acabados extras.

Mas o que se deve fazer se a máquina para e as exigências de produção não podem ser atendidas? Segundo o sistema *Kanban*, o que aconteceria se o processo posterior fosse ao processo anterior para pegar os materiais necessários e encontrasse a máquina desligada e as peças não produzidas? Certamente, seria uma situação difícil.

Por essa razão, o Sistema Toyota de Produção acentua em todos os processos de produção a necessidade de prevenção. Se pensamos em manter o inventário antecipando problemas nas máquinas, por que não consideramos a prevenção desses problemas antes que ocorram?

Durante as expansões graduais do Sistema Toyota de Produção dentro e fora da Toyota Motor Company, pedi a todos os envolvidos que estudassem uma maneira de impedir problemas nas máquinas e dificuldades no processo. Assim, "medicina preventiva", ou manutenção, tornaram-se parte integrante do Sistema Toyota de Produção.

Ford tinha ideias semelhantes em relação a esste assunto. A fim de cumprir com a responsabilidade social de sua empresa, ele fundou hospitais, escolas e a bem conhecida Fundação Ford. Quando o hospital era construído, Ford publicava sua opinião acerca de saúde, doença, tratamento e prevenção.

Em um capítulo intitulado "Cura e Prevenção", Ford argumenta que se pudermos encontrar boa comida e prepará-la adequadamente, a saúde pode ser mantida e as doenças, prevenidas:

> Os melhores médicos parecem concordar de que a cura para a maioria das indisposições é encontrada na dieta e não na medicina. Por que, então, não prevenimos primeiro as doenças? Tudo nos leva a isso – se a má alimentação causa doenças, então a alimentação perfeita irá causar saúde. E sendo este o caso, temos que buscar a alimentação perfeita e encontrá-la.Quando nós a encontrarmos, o mundo terá dado seu maior passo adiante.

Ford mostrou que a posssibilidade de se obter sucesso nesta meta crucial seria maior se o seu estudo científico fosse organizado, não por uma instituição de pesquisa, mas por empresas, como uma necessidade socioempresarial. Embora ele não tenha mencionado que a prevenção em si era indispensável para o fluxo de trabalho que forma a base do Sistema Ford, é interessante descobrir que o homem quem inventou a automação também ponderou acerca de tais problemas.

Uma linha de produção forte significa uma empresa forte. Na descrição da relação complementar entre o *just-in-time* e a autonomação, os dois pilares de apoio do Sistema Toyota, enfatizo o seu papel na construção de uma linha de produção com uma constituição forte. A força da Toyota não vem dos seus processos de recuperação, mas, sim, da sua manutenção preventiva.

Há um Ford depois de Ford?

Tenho falado sobre as origens do Sistema Ford, o sistema de produção em massa atualmente dominante nos Estados Unidos.

Em relação à fluência de trabalho, a Toyota aprendeu muito do sistema Ford. Entretanto, o Sistema Ford nasceu na América e se introduziu na era automobilística com a criação do Modelo T produzido em massa. De forma similar, tenho buscado um sistema de produção ao estilo japonês, igualmente adequado ao ambiente do Japão.

Em relação à evolução do Sistema Ford de automação na fabricação de automóveis americanos, a Ford Company inclusive, acredito que a verdadeira intenção de Ford não foi entendida corretamente. Como já disse antes, creio que a razão para isso ser assim é que, comparado ao fluxo rápido na linha de montagem final em uma indústria de automóveis, o fluxo de outros processos não foi estabelecido, tendo sido incorporado um sistema baseado em grandes lotes que parecem parar o fluxo.

Por que isso acontece? Antes que o último objetivo de Ford fosse entendido claramente, intensificou-se a concorrência no mercado americano de automóveis. A própria Ford Company estava sob pressão da sua rival, a General Motors. Penso que essa situação estancou o estudo para o desenvolvimento apropriado do Sistema Ford.

O fato de que a indústria automobilística americana tenha enfrentado um importante ponto de transição nos anos 20 é bem descrito no livro *My Years with General Motors*, escrito por Alfred P. Sloan, Jr., o antigo presidente do Conselho da General Motors.

De acordo com Sloan, houve um incidente entre 1924 e 1926 que mudou dramaticamente a indústria automotiva americana. O mercado de classe mais alta, mercado que havia existido desde 1908, foi transformado em um mercado maior que demandava carros para o público em geral.

Em outras palavras, enquanto o objetivo de Ford era o de prover um modo barato de transporte, o novo mercado exigia um carro constantemente aperfeiçoado – para todos.

Com o desenvolvimento da indústria do automóvel na década de 20, a economia americana entrou num período de novo crescimento. Com ele surgiram novos elementos, mudando ainda mais o mercado. Esses novos elementos podem ser divididos em quatro categorias:

1. plano de pagamento em prestações;
2. comércio de carros usados;
3. carcaça do tipo sedan;
4. mudança anual de modelos.

Se considerarmos também o ambiente do automóvel, eu acrescentaria a essa lista:

5. aperfeiçoamento das estradas.

Esses elementos estão firmemente arraigados à indústria automobilística atual e é quase impossível pensar na indústria sem eles. Entretanto, antes da década de 20, e por algum tempo depois, os compradores de carros eram limitados àqueles que estavam adquirindo um carro pela primeira vez;

CAPÍTULO 5 • A VERDADEIRA INTENÇÃO DO SISTEMA FORD | **93**

normalmente eles pagavam à vista ou conseguiam um empréstimo especial. Muitos carros eram do tipo "aberto" ou "conversível", estilos que não mudavam de ano para ano.

Essa situação permaneceu por algum tempo. Mesmo se o modelo mudasse, a mudança não era notável até que toda troca fosse completada.

Novos elementos desenvolveram-se em níveis diferentes e foram acrescentados separadamente até que, finalmente, todas as mudanças vinham juntas para formar um modelo completamente novo.

Sloan agarrou-se a esta importante modificação do mercado e começou a oferecer mais e mais modelos diferentes. Essa política de linha total foi a única estratégia utilizada pela General Motors para atender às exigências do público. De que forma a indústria automobilística como um todo respondeu a essa diversificação?

Na transição do Modelo T, produzido em massa, para a política de linha total da General Motors, os processos de produção tornaram-se complicados. Para reduzir os custos, enquanto se fabricava vários tipos de carros, as peças padrão deviam ser desenvolvidas para o uso em modelos diferentes. Contudo o Sistema Ford não sofreu grande alteração.

Mais ou menos nessa época, foram ativamente estudadas e empregadas políticas de preços em resposta à grande variação resultante da diversificação no mercado. Entretanto, acho que, na produção, o inacabado Sistema Ford mudou pouco e tornou-se fortemente radicado.

Enquanto montava o Sistema Toyota de Produção, sempre mantive em mente o mercado japonês e suas exigências para muitos tipos de carros em pequenas quantidades, diferente da demanda americana por poucos tipos em grandes quantidades.

O Sistema Toyota de Produção ajuda a produção a atender às necessidades do mercado. Sabemos que a produção de muitos tipos de carros em grandes quantidades é economicamente desejável, embora o Sistema Toyota tenha sido construído sob a premissa de muitos tipos em pequenas quantidades para o ambiente japonês. Assim, o sistema está aperfeiçoando a sua eficácia no maduro mercado japonês. Ao mesmo tempo, acredito que o Sistema Toyota de Produção pode ser aplicado na América, onde o mercado para muitos tipos em grandes quantidades existe desde a época de Sloan.

Concepção inversa e espírito empresarial

Hoje e Amanhã foi publicado na América em 1926 no auge da carreira de Ford. Na verdade, esse período também marcou um ponto de transição para a indústria automobilística dos EUA. Mais tarde, discutiremos os detalhes das mudanças que ocorreram, mas, em resumo, enquanto representou o ápice da

94 | Sistema Toyota de Produção

carreira de Ford, esse período marcou ironicamente o início da queda da Ford Company e a ascenção da General Motors.

O ano de 1926 corresponde no Japão ao *Taisho 15* e, coincidentemente, foi o tempo em que o tear autoativado de Toyoda Sakichi foi aperfeiçoado.

Ford foi quem aperfeiçoou a indústria automotiva. Ele conhecia em detalhes cada material usado em seus veículos e o seu conhecimento não era superficial. Com suas próprias mãos, ele criou operações empresariais separadas para os diversos metais, incluindo aço e metais não ferrosos, e têxteis.

Ford pensou com flexibilidade sobre as coisas sem apegar-se aos conceitos existentes. Uma de suas experiências refere-se a têxteis:

> A fiação e a tecelagem chegaram a nós através dos tempos e trouxeram com elas tradições, as quais tornaram-se quase regras sagradas de conduta. A indústria têxtil foi uma das primeiras a usar energia, mas também foi uma das primeiras a usar o trabalho infantil. Muitos fabricantes têxteis acreditavam piamente que uma produção de baixo custo é impossível sem mão de obra barata. Os avanços técnicos da indústria têm sido marcantes. Porém, se tem sido possível para qualquer um abordar essa indústria com o pensamento absolutamente aberto, livre das tradições, é uma outra questão.

Ford deve ter escrito isso antes do desenvolvimento do tear autoativado de Sakichi, uma invenção que mudou a indústria têxtil, acorrentada por séculos de tradição. Todavia, as ideias de Ford e o desenvolvimento das estruturas empresariais abrem nossos olhos:

> Usamos mais de 100.000 jardas de peças de algodão e mais de 25.000 jardas de peças de lã durante cada dia de produção.
>
> No início, tínhamos a convicção de que devíamos ter peças de algodão –não tínhamos usado nada além de algodão como material base para o teto e também para o couro artificial. Colocamos uma unidade de beneficiamento de algodão e começamos a fazer experimentos, mas sendo coagidos pela tradição, não fomos muito longe nessas experiências até que começamos a nos perguntar:
>
> O algodão é realmente o melhor material que podemos utilizar aqui? Então, descobrimos que estávamos utilizando o algodão não porque era o melhor material, mas sim porque era o mais fácil de se adquirir. O linho seria indubitavelmente mais resistente, já que a força do pano depende do comprimento da fibra e a fibra do linho é uma das mais longas e fortes conhecidas. O algodão tinha que ser cultivado a milhares de milhas de Detroit. Teríamos que pagar o transporte do algodão bruto se decidíssemos ingressar na tecelagem do algodão, e também teríamos que pagar o transporte desse algodão transformado para uso nos carros, muitas vezes de volta ao lugar onde havia sido cultivado. O linho pode ser cultivado em Michigan e em Wiscosin, e poderíamos ter uma carga à mão praticamente pronta para o uso. Mas a produção de linho tinha ainda mais tradições do que o algodão, e ninguém fora capaz de fazer muito

com a produção de linho neste país por causa da vasta quantidade de mão-
-de-obra considerada essencial.

Começamos a fazer experiências em Dearborn, as quais demonstraram que a
fibra de linho pode ser trabalhada mecanicamente. O trabalho passou da fase
experimental, e ficou provada a sua exequibilidade comercial.

Fiquei intrigado com a pergunta de Ford: "O algodão é realmente o melhor material que podemos utilizar aqui?"

Como Ford apontou, as pessoas seguem a tradição. Isso poderia ser aceitável na vida privada, mas, na indústria, costumes ultrapassados precisam
ser eliminados. Neste processo de se perguntar "por quê", vemos claramente
uma faceta do espírito empresarial de Ford.

O progresso não pode se fazer quando estamos satisfeitos com a situação existente e isso também se aplica ao aperfeiçoamento dos métodos de
produção. Se simplesmente andarmos sem uma meta, nunca seremos capa-
zes de fazer boas perguntas.

Sempre procuro ver as coisas ao inverso. Lendo o que Ford escreveu,
fui encorajado pela maneira como ele repetidamente surgia com brilhantes
conceitos inversos.

Afastando-se da quantidade e da velocidade

Não esqueça que *Hoje e Amanhã* foi escrito na década de 20, mais de meio
século atrás, quando a carreira de Ford estava em seu apogeu. Muito em
breve ele enfrentaria o seu primeiro fracasso e impedimento, embora a Ford
Motor Company tenha sobrevivido.

Como já disse anteriormente, duvidei por um longo período que o sistema de produção em massa praticado nos Estados Unidos e pelo mundo hoje,
mesmo no Japão, tenha sido a verdadeira intenção de Ford. Por essa razão,
sempre busquei a origem das suas ideias. Por exemplo, dê uma olhada no
ambiente social americano na década de 20 quando Ford estava prosperando:

> Mas estamos mudando rapidamente, não apenas na fabricação de carros, mas
> na vida em geral? Ouve-se muito sobre o operário sufocado pelo trabalho ár-
> duo, daquilo que é chamado progresso sendo feito às custas de uma coisa ou
> de outra e que a eficiência está destruindo todas as coisas mais sutis da vida.
> É bem verdade que a vida está em desequilíbrio – e sempre esteve. Até há
> pouco, a maioria das pessoas não tinham tido lazer e, é claro, não sabem
> como desfrutá-lo. Um dos nossos maiores problemas é encontrar um equilí-
> brio entre o trabalho e o lazer, entre o sono e a alimentação, e, por fim, des-
> cobrir porque os homens envelhecem e morrem. Falemos disso mais adiante.
> Com certeza estamos nos movendo mais rápido do que antes. Ou, mais corre-
> tamente, estamos sendo movidos mais rápido. Mas dispender 20 minutos em

um carro é mais fácil ou mais difícil do que quatro sólidas horas de trilha em um estrada poeirenta?

Qual meio de transporte deixa o peregrino melhor ao final? Qual o faz gastar mais tempo e energia mental?

E logo estaremos fazendo em uma hora pelo ar aquilo que antes eram dias de carro. Estaremos então todos com nossos nervos destruídos?

Mas será que essa vindoura destruição de nervos da qual falamos existe na vida real – ou nos livros? Lê-se sobre a exaustão nervosa dos trabalhadores nos livros, mas escutamos os trabalhadores falar sobre elas?

A própria palavra "eficiência" é odiada porque muito do que não é eficiência foi mascarado como tal. Eficiência é meramente realizar um trabalho da melhor maneira que se saiba, em vez de realizá-lo da pior maneira. É levar um tronco da montanha acima de um caminhão, em vez de levá-lo nas costas. É o treinamento do trabalhador e o dar a ele o poder de forma que possa ganhar mais, ter mais e viver mais confortavelmente. O cule chinês trabalhando por longas horas por alguns míseros centavos não é mais feliz do que o trabalhador americano que possui sua própria casa e automóvel. O primeiro é um escravo, o segundo é um homem livre.

Houve muitas mudanças na última metade do século. Por exemplo, as circunstâncias na China mudaram drasticamente. Há pouco, entre setembro de 1977 e setembro de 1978, visitei muitas indústrias chinesas, tentando arduamente promover uma industrialização moderna.

Do tempo de Ford até o presente, através do nosso período pós-guerra, quando começamos a trabalhar no Sistema Toyota de Produção, e dentro da industrialização que a China está tentando alcançar, há um elemento universal, o qual Ford denominou "eficiência verdadeira". Ford disse que a eficiência é simplesmente uma questão de realizar um trabalho usando os melhores métodos conhecidos, não os piores.

O Sistema Toyota de Produção trabalha com a mesma ideia. A eficiência nunca é uma função de quantidade e velocidade. Ford levantou a questão: "Estamos nos movimentando demasiadamente rápido?" Em relação à indústria automobilística, é inegável que temos buscado eficiência e considerado quantidade e velocidade como seus fatores principais. Por outro lado, o Sistema Toyota de Produção tem suprimido sempre a superprodução, fabricando somente segundo as necessidades do mercado.

No período de alto crescimento, as necessidades do mercado eram grandes e as perdas causadas pela superprodução não apareciam na superfície. Entretanto, durante o período de crescimento econômico lento, o excesso de inventário aparece, quer gostemos ou não. Esse tipo de desperdício é definitivamente o resultado da busca de quantidade e velocidade.

Quando descrevemos as características do Sistema Toyota de Produção, explicamos o conceito de pequenos tamanhos de lotes e de troca rápida de ferramenta. Na verdade, no fundo de tudo isso, está a nosso intenção de reformular o conceito existente e fortemente arraigado de "mais rápido e mais," gerando um fluxo contínuo de trabalho.

Para falar a verdade, mesmo na Toyota, é muito difícil fazer com que os processos de prensagem, modelação de resina, fundição e forja se encaixem em um fluxo de produção total tão alinhado quanto os fluxos na montagem ou na usinagem.

Por exemplo, com treinamento, a troca de ferramentas de uma grande prensa pode ser realizada em três a cinco minutos. Isto é, de longe e surpreendentemente mais rápido do que em outras companhias. No futuro, quando o fluxo de trabalho for aperfeiçoado, podemos relaxar esse tempo e ainda mantê-lo em menos de 10 minutos.

Isso explica porque o Sistema Toyota de Produção é o oposto do sistema americano de produção em massa – este que gera perdas desnecessárias na busca por quantidade e velocidade.

6

Sobrevivendo ao período de crescimento econômico lento

O sistema surgido no período de alto crescimento

O Japão, quase no final de 1955, entrou em um período de crescimento excepcional em comparação com a situação da economia mundial da época. *Kanban*, o instrumento operacional do Sistema Toyota de Produção, foi adotado por toda a companhia em 1962, quando o Japão estava em total crescimento. É significativo que o sistema *Kanban*, com suas raízes na Toyota, tenha coincidido com esse período de tempo.

Assim que o Japão entrou no período de alto crescimento e corajosamente duplicou sua renda, os empresários japoneses pareciam perder de vista os meios japoneses tradicionais. Eles perderam a visão de uma economia exclusiva das empresas japonesas e também da própria sociedade. Essa "perda de vista" se deu devido à aceitação do sistema americano de produção em massa e à crescente tendência pública de considerar o consumo uma virtude.

Na indústria automobilística, ocorreu uma enchente de grandes máquinas de alto desempenho, tais como a máquina de transferência, ou robô. Num período de alto crescimento, qualquer coisa produzida era vendida, e assim essas máquinas de produção em massa demonstravam sua eficiência.

Entretanto, o problema era de atitude, de acomodar e entender essa economia abundante e rapidamente alcançada. Na Toyota, embora estivéssemos entusiasmados com a automação e a robótica, era muito duvidoso que seu objetivo – um aumento real de eficiência – estivesse sendo atingido.

É fácil entender o objetivo de reduzir a mão de obra usando-se automação e reduzir os operários com a ajuda de máquinas grandes e com alto desempenho. Enquanto tentávamos duplicar os indicadores de renda, o Japão viu as médias de renda nacional subirem acentuadamente e viu diminuir a vantagem anterior de custos de produção baseados em baixos salários. Por essas razões, os empresários apressaram-se para automatizar.

Contudo, as máquinas e os equipamentos utilizados na automação tinham uma falha séria: eram incapazes de fazer julgamentos e parar por si próprios. Portanto, a fim de impedir perdas causadas por maquinaria, ferramentas, prensas avariadas e produção de grandes quantidades de produtos com defeito, fez-se necessária a supervisão por um operador. Consequentemente, o número de operários não diminuiu com a automação. O trabalho manual, na maioria dos casos, simplesmente mudou de nome. Assim, enquanto as máquinas verdadeiramente "poupavam mão de obra," elas não aumentaram a eficiência.

A meu ver, era questionável se poupava trabalho quando se fazia necessário o dobro do número de operários. Estaria tudo bem se estivéssemos preparados para reduzir o número de operários pela metade utilizando máquinas de alto desempenho. Mas isso não aconteceu. Concluí que o trabalho poderia ser feito muito bem com o equipamento mais antigo já existente.

É perigoso quando os industriais não se dão conta disso. Se seguíssemos cegamente as tendências, o que aconteceria quando a economia de escala não funcionasse? Não era difícil prever a confusão e a destruição que adviriam disso.

A economia do Japão expandiu nos dois primeiros trimestres de 1965 e intensificou-se o desejo de se obter grandes máquinas de alto desempenho na produção das fábricas. Esse desejo não se deu somente no nível de produção; a alta cúpula do gerenciamento frequentemente abria o caminho.

Nessa época, senti seriamente que seria perigoso continuar a adquirir equipamentos de alto desempenho dessa maneira. Na Toyota, todos entendemos essa tendência alarmante, mas o problema era com nossas firmas associadas. Reunimos seus principais gerentes e pedimos a eles pessoalmente que colaborassem, entendessem e adotassem o Sistema Toyota de Produção.

Discutimos a redução de mão de obra para reduzir custos. Demonstramos até mesmo a partir de estatísticas reais da Toyota que, realizando racionalização verdadeira, a produção poderia ser feita de forma mais barata sem robôs.

Então, e mesmo agora, muitas pessoas conservam essas falsas ideias. Muitos acham que a redução de custos pode ser alcançada somente se o número de operários for reduzido pela aquisição de robôs ou máquinas de alto desempenho. Os resultados mostram, em contrapartida, que os custos não foram absolutamente reduzidos.

Era óbvio que a raiz do problema era a ideia de poupar mão de obra através da automação.

Aumentando a produtividade durante o período de crescimento econômico lento

Para que a automação seja eficaz, precisamos implantar um sistema no qual as máquinas "sintam" a ocorrência de uma anormalidade e parem por si próprias. Em outras palavras, precisamos dar às máquinas automatizadas um toque humano – inteligência suficiente para fazer com que sejam autonomatizadas e levem a "poupar operários" em vez de "poupar mão de obra".

A crise do petróleo no outono de 1973 trouxe nova mudança para a economia japonesa. Na Toyota, onde vínhamos alcançando aumentos da produção anualmente desde a década de 30, fomos forçados a reduzir a produção para 1974.

Em todo o setor industrial do Japão, os lucros tiveram uma queda vertiginosa como consequência do crescimento zero e do choque dos cortes na produção. Os resultados foram péssimos. Nesta época, devido ao fato da Toyota ter sofrido menos os efeitos da crise do petróleo, as pessoas começaram a prestar atenção ao seu sistema de produção.

Com a produção reduzida que se seguiu à crise do petróleo, a Toyota enfrentou problemas que tinham estado escondidos ou menos visíveis durante o período anterior de alto crescimento. Os problemas tinham a ver com as máquinas autonomatizadas para as quais um número fixo de operários foram designados.

Uma máquina autonomatizada perfeita, isto é, uma máquina sem operador, era uma exceção. A máquina autonomatizada que precisava de dois operários para completar o ciclo era um problema. Com a produção reduzida em 50%, a operação ainda exigia dois operários. Um operário era necessário na entrada e outro na saída de uma grande máquina autonomatizada, por exemplo.

Assim, uma máquina autonomatizada descobre anormalidades e desempenha o útil papel de evitar a fabricação de produtos defeituosos. Entretanto, analisando-se a questão por outro ângulo, ela tem a desvantagem de exigir um certo número de operários.

Esse é um obstáculo importante em qualquer fábrica que tenha de responder a uma mudança na produção. Por isso, o próximo passo para o Sistema Toyota de Produção foi o de embarcar na desconstrução do sistema de um número fixo de operários. Esse foi o conceito da redução do número de operários.

Essa ideia é aplicada não somente em relação às máquinas, como também à linha de produção onde as pessoas estão trabalhando. Por exemplo, uma linha de produção com cinco operários é organizada de tal modo que o trabalho possa se feito por quatro homens no caso de um faltar. Mas a quantidade produzida é somente 80% do padrão. A fim de pôr essa ideia em

102 | Sistema Toyota de Produção

prática, fazem-se necessários aperfeiçoamentos no layout da planta e nos equipamentos, assim como deve ser instituído o treinamento dos operários multifuncionais para que os tempos permaneçam normais ainda.

Reduzir o número de operários quer dizer que uma linha de produção ou uma máquina pode ser operada por um, dois ou qualquer número de operários. A ideia surgiu pela necessidade de se refutar o imperativo de uma número fixo de operários para uma máquina.

Não é esse o tipo de entendimento necessário a todos os tipos de negócios durante os períodos de baixo crescimento? Em um período de alto crescimento, a produtividade pode ser aumentada por qualquer um. Mas quantos conseguem realizá-la durante circunstâncias mais difíceis induzidas por baixas taxas de crescimento? Este é o fator decisivo para o sucesso ou o fracasso de uma empresa.

Mesmo durante o alto crescimento, para evitar a geração do excesso de inventário através da superprodução, evitamos arbitrariamente a compra de maquinaria de produção em massa. Sabíamos como podia ser pesado o efeito da utilização de "grandes armas" para a fabricação. Então, concentramos-nos no desenvolvimento do Sistema Toyota de Produção sem nos deixarmos levar pelas tendências.

O Sistema Toyota de Produção primeiramente estabeleceu a base de racionalização com seu método de produção; seu desafio era a eliminação total do desperdício utilizando o sistema *just-in-time* e o *Kanban*.

Para cada problema precisamos ter uma medida de combate específica. Uma afirmação vaga de que o desperdício precisa ser eliminado ou de que há operários demais não irá convencer a ninguém. Mas com a introdução do Sistema Toyota de Produção, o desperdício pode ser identificado imediata e especificamente. Na verdade, sempre digo que a produção pode ser feita com a metade dos operários.

Hoje em dia, na Toyota, as mudanças ocorrem em todas as áreas da produção. Todos conhecem as flutuações de fatores diversos na produção de diferentes tipos de carros. Quando caem as vendas de um modelo, seus custos sobem, mas não se pode pedir ao cliente que pague mais pelo carro.

Os modelos de carros em uma demanda menor de alguma maneira ainda têm de ser feitos de modo barato e vendidos com lucro. Em função desse fato, continuamos a estudar os métodos de aumentar a produtividade mesmo quando as quantidades diminuem.

Cada modelo de automóvel tem sua própria história. Atualmente, o Corona vende bem, mas isso não ocorria no início, e vivemos tempos difíceis. Quando um modelo não vende bem, precisamos aumentar a eficiência mesmo com pequenas quantidades, a fim de reduzir custos. Costumo dizer sempre às pessoas na fabricação:

Deve haver centenas de pessoas pelo mundo que podem aumentar a produtividade e a eficácia através do aumento da quantidade de produção. Nós também temos supervisores assim na Toyota. Mas poucas pessoas no mundo podem aumentar a produtividade quando as quantidades de produção diminuem. Com até uma dessas pessoas, apenas o caráter de uma operação de negócios será bastante mais forte.

Entretanto, as pessoas preferem trabalhar com grandes quantidades, é mais fácil do que ter que trabalhar duro e aprender a partir da produção em pequenas quantidades.

Já faz mais de 30 anos desde que comecei a trabalhar no Sistema Toyota de Produção. Durante esse período, tenho aprendido muito com muitas pessoas e com a sociedade. Cada ideia foi concebida e desenvolvida em resposta a uma necessidade.

Acho que vale mais a pena, em uma companhia, trabalhar na área em que há problemas devido a vendas reduzidas do que em uma área onde as vendas estão aumentando. A necessidade de aperfeiçoamento é mais urgente, mesmo que não pareça ser desta maneira.

É uma pena que na sociedade industrial e empresarial atual as relações entre trabalho, trabalhador e máquina tenham se tornado tão adversas. Para que o nosso desenvolvimento continue, precisamos nos tornar mais generosos, talentosos e criativos.

À medida que o Sistema Toyota de Produção evoluiu, frequentemente apliquei o bom-senso ou o pensamento inverso. Recomendo a todos os gerentes, supervisores intermediários, supervisores e operários da produção que sejam mais flexíveis no seu modo de pensar ao realizarem seu trabalho.

Aprendendo com a flexibilidade dos antepassados

Desviando do assunto por um momento, diz-se que os caracteres para a soja fermentada e o feijão coagulado tiveram, originalmente, significados opostos.

Há várias teorias acerca disso. Uma delas afirma que Ogyü Sorai, um erudito confuciano do Período Edo Médio, tomou os termos de forma errônea; outra sustenta que ele os misturou propositadamente.

Nattõ, um produto pelo qual a região de Tõhoku, Mito e outras regiões são formosas, deve ter sido escrito originalmente do modo como o tofu é agora, porque o nattõ é feito deixando-se que os grãos de soja apodreçam.

O que hoje chamamos "tofu" era originalmente escrito com os caracteres agora usados para nattõ, porque o tofu é feito a partir da soja e formado em cubos.

O problema é que ninguém jamais comeria nattõ se o termo fosse escrito com os caracteres para "soja apodrecido," enquanto o tofu é tão alvo e apetitoso que, mesmo escrito, ninguém pensaria nele como sendo grãos apodrecidos. A história conta, então, que cada palavra escrita era usada no lugar da outra.

A nomenclatura no Japão contém muitos outros exemplos fascinantes desse tipo, que revelam uma maneira caracteristicamente japonesa de conceituar as coisas.

Entre os caracteres chineses usados em japonês, encontramos uma processo de pensamento em japonês que difere do chinês mais antigo. Essa maneira de pensar nasceu em ambiente japonês.

Valorizo as singulares ideias nativas exclusivas do Japão. Por exemplo, embora a Toyota Motor Company tenha se tornado uma empresa de 2 trilhões de ienes, não aventamos a possibilidade de mudarmos o escritório principal de Mikawa. Algumas vezes somos advertidos de que por ficarmos em tal local estamos perdendo as últimas novidades. Entretanto, não acredito que esse fato nos mantenha longe (em termos de informações) do mundo ou do resto do Japão. O sistema de informação ao estilo Toyota mencionado anteriormente, organizado como parte do Sistema Toyota de Produção, está funcionando com perfeição nesse sentido.

É claro, o mais importante não é o sistema, mas a criatividade dos seres humanos que selecionam e interpretam a informação. Felizmente, o Sistema Toyota de Produção ainda está sendo aperfeiçoado e tais aperfeiçoamentos são feitos diariamente graças ao vasto número de sugestões recebidas dos seus funcionários.

A minha mente tende a cristalizar e, assim, preciso renovar minha determinação a cada dia e forçar a mim mesmo para pensar criativamente. Há sempre muito a fazer no campo da produção...

Pós-escrito da edição original japonesa

O meu desejo foi o de proporcionar aos leitores um entendimento básico do Sistema Toyota de Produção. Quis ilustrar como ele reduz custos por meio do aperfeiçoamento da produtividade com o esforço humano e a inovação mesmo nos períodos de baixo crescimento acentuado ao não aumentar as quantidades.

Enquanto escrevia este livro, testemunhei a economia japonesa ingressar em problemas internacionais cada vez mais sérios no tocante ao iene. Isso me preocupa muito. A indústria automobilística cresceu nos dois ou três últimos anos, principalmente através das exportações. Entretanto, esse crescimento parece já ter atingido o seu limite.

A indústria japonesa precisa rapidamente sair da produção em massa e fazer uma transição baseada em ideias arrojadas. Eu ficaria muito feliz se o Sistema Toyota de Produção se tornasse um instrumento útil na geração dessas mudanças.

Sem a assistência do Sr. Mito Setsuo, da Keizai Janarisuto, não teria conseguido escrever este livro. Gostaria de registrar esse fato e expressar minha gratidão a ele.

Fui reanimado e influenciado pelos escritos e da grandeza pessoal do Sr. Toyoda Sakichi e do Sr. Toyoda Kiichirõ. Tenho uma dívida para com eles.

Finalmente, gostaria de agradecer aos membros da Diamond Inc. pelo trabalho que realizaram por trás dos bastidores. [Ed. – Diamond é a editora original japonesa.]

Taiichi Ohno, 1978

Glossário dos principais termos

Como um guia para o entendimento e a aplicação do Sistema Toyota de Produção, o autor definiu 24 termos importantes:

Andon

Andon, o quadro indicador de parada da linha pendurado acima da linha de produção, é um controle visual. A luz indicadora de problema funciona como segue:

Quando as operações estão normais, a luz verde está ligada. Quando um operário deseja ajustar alguma coisa na linha e solicita ajuda, ele acende uma luz amarela. Se uma parada na linha for necessária para corrigir um problema, a luz vermelha é acesa. Para eliminar completamente as anormalidades, os operários não devem ter receio de parar a linha.

Aperfeiçoamento do trabalho *versus* aperfeiçoamento do equipamento

Os planos para o aperfeiçoamento da produção podem ser grosseiramente divididos em:

(1) *aperfeiçoamento do trabalho,* tais como o estabelecimento de padrões de trabalho, redistribuição de trabalho e clara indicação dos lugares onde as coisas devem ser colocadas;

(2) *aperfeiçoamento do equipamento,* tais como compra de equipamento e transformação das máquinas em autonomatizadas. O aperfeiçoamento do equipamento requer dinheiro e não pode ser desfeito.

No Sistema Toyota de Produção, a sequência e a padronalização do trabalho são feitas em primeiro lugar. Dessa forma, a maioria das áreas com problemas pode ser eliminada ou aperfeiçoada. Se o aperfeiçoamento do equipamento vier em primeiro lugar, os processos de fabricação nunca serão aperfeiçoados.

Autonomação (automação com um toque humano)

O Sistema Toyota de Produção utiliza autonomação, ou automação com um toque humano, em vez de simples automação. Autonomação significa a transferência de inteligência humana para uma máquina. O conceito originou-se do tear autoativado de Toyoda Sakichi. A sua invenção era equipada com um dispositivo que parava a máquina automática e imediatamente se os fios verticais ou laterais se rompessem ou saíssem do lugar. Em outras palavras, um dispositivo capaz de julgar foi embutido na máquina.

Na Toyota, este conceito é aplicado não somente à maquinaria como também à linha de produção e aos operários. Em outras palavras, se surgir uma situação anormal, exige-se que um operário pare a linha. A autonomação impede a fabricação de produtos defeituosos, elimina a superprodução e para automaticamente no caso de anormalidades na linha permitindo, que a situação seja investigada.

Baka-yoke (à prova de defeitos)

A fim de fabricarmos produtos de qualidade 100% do tempo, são necessárias inovações nos instrumentos e equipamentos a fim de se instalar dispositivos para a prevenção de defeitos. Isto é chamado *baka-yoke, e* os seguintes exemplos são de dispositivos *baka-yoke:*

1. Quando há um erro de fabricação, o material não servirá no instrumento.
2. Se há irregularidade no material, a máquina não funcionará.
3. Se há um erro de trabalho, a máquina não iniciará o processo de maquinização.
4. Quando há erros de trabalho ou um passo foi pulado, as correções são feitas automaticamente e a fabricação continua.
5. As irregularidades no processo anterior são barradas no processo posterior a fim de parar os produtos com defeito.
6. Quando algum passo é esquecido, o processo seguinte não será iniciado.

Causa real

Por baixo da "causa" de um problema está escondida a *causa real*. Em cada caso, precisamos descobrir a causa real perguntando *por quê, por quê, por quê, por quê, por quê*. Do contrário, as medidas não podem ser tomadas e os problemas não serão verdadeiramente resolvidos.

Cinco por quês

A base da abordagem científica da Toyota é perguntar-se cinco vezes *por quê* sempre que nos depararmos com um problema. No Sistema Toyota de Produção, "5W" (5P) significa cinco *por quês*. Repetindo-se *por quê* cinco vezes, a natureza do problema, assim como sua solução, tornam-se claros. A solução, ou o como fazer, é designada "como" "1H" (1C). Assim, "cinco por quês é igual a um como fazer" (5W = 1H; 5P = 1C).

Controle visual (gerenciamento pela visão)

Autonomação significa parar a linha de produção ou a máquina sempre que surgir uma situação anormal. Isso esclarece o que é considerado normal e o que é considerado anormal. Em termos de qualidade, quaisquer produtos com defeitos são obrigados a aparecer, porque o progresso real do trabalho comparado aos planos de produção diária é sempre tornado visível. Essa ideia se aplica às máquinas e à linha assim como à organização das mercadorias e ferramentas, do inventário, da circulação do *Kanban, dos* procedimentos de trabalho padrão e assim por diante. Nas linhas de produção em que se usa o Sistema Toyota de Produção, o *controle visual,* ou *gerenciamento pela visão,* é obrigatório.

De poupar mão de obra a poupar o operário a reduzir o número de operários

Se grandes máquinas de alto desempenho são compradas, poupamos a energia do operário. Em outras palavras, *a poupança de mão de obra* é alcançada. Entretanto, é mais importante reduzir o número de operários utilizando-se estas máquinas e redistribuindo os operários nos departamentos onde são necessários. Se, como resultado da poupança de mão de obra, 0.9 de um operário é poupado, isso nada significará. Pelo menos uma pessoa precisa ser poupada antes da redução de custos. Portanto, precisamos atingir *a poupança do operário.*

Na Toyota, estabelecemos um novo objetivo: reduzir o número de operários. Para atingir a poupança de operários, implantamos a autonomação, porém, quando a produção tinha diminuído, não pudemos reduzir o número de operários proporcionalmente. Isso ocorreu porque a autonomação era operada por um número fixo de operários. Em um período de baixo crescimento, precisamos primeiro quebrar este conceito de um número fixo de operários e depois estabelecer novas linhas de produção, flexíveis, em que o trabalho possa ser conduzido por menos operários independentemente das quantidades a serem produzidas. Este é o objetivo da redução do número de operários.

Engenharia de produção para a obtenção de lucros

A técnica de gerenciamento da produção que chamamos de engenharia de produção veio da América. Definições tradicionais à parte, no Sistema Toyota de Produção, a engenharia de produção é considerada como uma tecnologia de produção que tenta reduzir custos harmonizando qualidade, quantidade e tempo por toda a área de produção. Não é o método engenharia de produção discutido na academia. A característica mais importante do estilo Toyota de engenharia de produção é que se trata de uma *engenharia de produção geradora de lucro* diretamente ligada à redução de custos.

Fluxo do trabalho e trabalho forçado a fluir

Fluxo do trabalho significa que valor é agregado ao produto em cada processo enquanto o produto flui ao longo da linha. Se as mercadorias são conduzidas por correias, isto não é fluxo do trabalho, mas, sim, trabalho forçado a fluir. O feito básico do Sistema Toyota de Produção é o estabelecimento do fluxo de fabricação. Isso significa, naturalmente, o estabelecimento de um fluxo de trabalho.

Just-in-time

Com a possibilidade de se adquirir produtos na hora e na quantidade necessárias, o desperdício, as irregularidades e as irracionalidades podem ser eliminados e a eficiência, aperfeiçoada. Toyoda Kiichirõ, o pai da manufatura automotiva japonesa originalmente concebeu a ideia a qual seus sucessores, então, transformaram em um sistema de produção. É importante lembrar que não se trata somente de o tempo, mas, sim, de "apenas-a-tempo". O *just--in-time* e a autonomação constitutem os dois pilares principais do Sistema Toyota de Produção.

Kanban

Um *Kanban* ("etiqueta") é um instrumento para o manuseio e a garantia da produção *just-in-time*, o primeiro pilar do Sistema Toyota de Produção. Basicamente, um *Kanban* é uma forma simples e direta de comunicação localizada sempre no ponto que se faz necessária. Na maioria dos casos, um *Kanban* é um pequeno pedaço de papel inserido em um envelope retangular de vinil. Nesse pedaço de papel está escrito quanto de cada parte tem de ser retirada ou quantas peças têm de ser montadas.

No método do *just-in-time*, um processo posterior vai até um processo anterior para retirar mercadorias necessárias, quando e na quantidade necessária. O processo anterior produz então a quantidade retirada. Nesse caso, quando o processo posterior vai até o processo anterior para retiradas, eles estão conectados pela informação de retirada ou de movimentação, chamado *Kanban de retirada e Kanban de movimentação*, respectivamente. Esse é uma papel importante do *Kanban*.

Um outro papel é o *in-process, ou Kanban de produção*, o qual solicita ao operador produzir a quantidade retirada do processo anterior. Esses dois *Kanban* funcionam como um, circulando entre os processos dentro da Toyota Motor Company, entre a empresa e suas associadas, e também entre os processos em cada associada.

Além disso, há o *Kanban de sinalização* usado no processo de cunhagem, por exemplo, onde a produção de uma quantidade específica, talvez mais do que a exigida pelo *just-in-time*, não pode se evitada.

Movimentação *versus* trabalho

Independente do quanto os operários se movimentam, não significa que o trabalho tenha sido realizado. *Trabalho* significa que foram feitos progressos, que foi feito com pouco desperdício e grande eficiência. O supervisor precisa fazer um esforço para transformar a movimentação dos operários em trabalho.

Não crie ilhas isoladas

Se os operários estiverem isolados aqui e ali, eles não poderão ajudar-se entre si. Mas se as combinações de trabalho forem estudadas e a distribuição de trabalho, ou posicionamento de trabalho, for realizada para fazer com que os operários possam ajudar-se mutuamente, o número de operários pode ser reduzido. Quando o fluxo de trabalho é projetado adequadamente, não há formação de pequenas ilhas isoladas.

Nivelamento da produção

Numa linha de produção, as flutuações no fluxo do produto fazem aumentar o desperdício. Isso se dá porque equipamento, operários, inventário e outros elementos exigidos para a produção precisam estar sempre preparados para um pico. Se um processo posterior varia sua retirada das peças em termos de tempo e quantidade, a extensão dessas flutuações aumentará conforme elas forem avançando na linha em direção aos processos anteriores.

112 | GLOSSÁRIO DOS PRINCIPAIS TERMOS

A fim de evitar flutuações na produção, mesmo nas associadas externas, precisamos tentar manter a flutuação na linha de montagem final em zero. A linha de montagem final da Toyota nunca monta o mesmo modelo de carro em um "volume." A produção é *nivelada* fazendo-se primeiro um modelo, depois outro e então outro.

Números necessários são iguais à quantidade de produção

Na Toyota, a quantidade de produção é igual à demanda de mercado ou a pedidos reais. Em outras palavras, o número necessário é o número vendido. Portanto, pelo fato de que as necessidades do mercado estão diretamente relacionadas à produção, a fabricação não pode mudar arbitrariamente as quantidades da produção. Para reduzir a superprodução, o aperfeiçoamento da eficiência precisa ser alcançado com base nos *números necessários*. Em outras palavras, as quantidades da produção estão baseadas na demanda.

Parando a linha de produção

Uma linha de produção que não para pode ser tanto uma linha perfeita como também uma linha com muitos problemas. Quando muitas tarefas estão projetadas para uma linha e o fluxo não para, isso significa que os problemas não estão aparecendo. Isso é ruim.

É importante dispor a linha de um modo que ela possa ser parada quando necessário:

- para impedir que se gerem produtos com defeitos;
- para aperfeiçoar o trabalho com poucos operários apenas, e finalmente,
- para desenvolver uma linha que seja forte e raramente necessite ser parada.

Não há razão alguma para se temer uma parada na linha.

Pequenos lotes e troca rápida de ferramentas

No nivelamento da produção, os volumes produzidos são feitos os menores possíveis, em contraste com a produção em massa tradicional, em que o maior é considerado o melhor. Na Toyota, tentamos evitar a montagem do mesmo tipo de carro em volumes. É claro, quando o processo de montagem final realmente produz dessa maneira, o processo anterior – tal como a operação da prensa – naturalmente tem de segui-lo. Isso significa que mudanças de matriz precisam ser constantemente feitas. Até agora, a sabedoria convencional tem ditado que cada prensa deve produzir tantas peças quanto possível. Entretanto, no Sistema Toyota de Produção, isto não se aplica. As mudanças de matriz são feitas rapidamente e aperfeiçoadas ainda mais com a prática. Nos anos 40, levava de duas a três horas. Nos anos 50, caiu de uma hora para 15 minutos. Atualmente, as trocas foram encurtadas para três minutos.

Procedimentos de trabalho padrão

Para que a produção *just-in-time* seja realizada, as folhas de padrão de trabalho para cada processo precisam ser claras e concisas. Os três elementos de uma folha de trabalho padrão são:

1. *Tempo de ciclo*– a duração de tempo (minutos e segundos) na qual uma unidade deve ser feita;
2. *Sequência de trabalho* – a sequência do trabalho no fluxo de tempo;
3. *Inventário padrão* – a quantidade mínima de mercadorias necessárias para manter a continuidade do processo.

Reconhecimento e eliminação do desperdício

A fim de reconhecer o desperdício, precisamos entender a sua natureza. O desperdício na produção pode ser dividido nas seguintes categorias:

- superprodução;
- espera;
- transporte;
- muita maquinização (processamento demasiado);
- inventários;
- movimentação;
- fabricação de peças e produtos defeituosos.

Leve-se em consideração, por exemplo, a superprodução. Não é um exagero afirmar que em um período de baixo crescimento tal desperdício institui um crime contra a sociedade mais do que uma perda para a empresa. A eliminação de desperdício precisa ser o objetivo primeiro da empresa.

Sistema operação multiprocessos

No processo de maquinização, suponhamos que cinco tornos mecânicos, cinco máquinas de usinagem e cinco perfuradeiras são alinhadas em duas fileiras paralelas. Se um operador manuseia cinco tornos mecânicos, podemos

114 | Glossário dos principais termos

denominar isso um *sistema de operação multiunidades*. O mesmo se dá em relação ao manuseio de cinco máquinas de usinagem ou cinco perfuradeiras.

Entretanto, se um operador usa um torno mecânico, uma máquina de usinagem e uma perfuradeira (isto é, vários processos), esse processo é denominado *sistema de operação multiprocessos*. No Sistema Toyota de Produção, o estabelecimento de um fluxo de produção é de vital importância. Portanto, tentamos alcançar um sistema de operação multiprocessos que reduz diretamente o número de operários. Para o operário na linha de produção, isso significa passar de *monofuncional* para *multifuncional*.

Sistema Toyota de produção

O primeiro aspecto do Sistema Toyota de Produção é o *método de produção estilo Toyota,* que significa colocar um *fluxo* no processo de manufatura. Antigamente, os tornos localizavam-se na área dos tornos e as máquinas de fresar, na área de fresar. Agora, posicionamos um torno, uma máquina de fresar e uma perfuradeira conforme a verdadeira necessidade na sequência do processo de fabricação.

Dessa maneira, em vez de ter uma operário por máquina, um operário supervisiona muitas máquinas ou, mais precisamente, *um operário opera vários processos.* Isso melhora a produtividade.

A seguir, vem o sistema *Kanban,* uma ferramenta operacional que realiza o método *just-in-time* de produção. O *Kanban* assegura que as peças corretas estejam disponíveis na hora e na quantidade necessárias, funcionando como informação de remoção ou transporte, como um pedido de transferência ou entrega de mercadorias e também como um pedido de trabalho dentro dos processos de produção.

Taxa operante e taxa operável

A *taxa operante* é o nível atual da produção em relação à capacidade total de operação da máquina para uma duração específica de tempo. Se as vendas caírem, naturalmente cai o nível operante. Por outro lado, se a demanda aumentar, o nível operante pode atingir 120% ou mais através de troca de turnos ou horas extras. O que determina se uma taxa operante é boa ou má é o modo como o equipamento é usado em relação à quantidade de produtos necessários.

A *taxa operável* na Toyota significa a disponibilidade da máquina e as condições operáveis quando a operação é desejada. O ideal de 100% depende da boa manutenção do equipamento e de trocas rápidas de ferramentas.

Zona de passagem do bastão

Na natação de revezamento, os nadadores mais rápidos e os mais lentos precisam nadar à mesma distância fixa. Entretanto, na corrida de revezamento, um corredor mais rápido pode recuperar o tempo de um corredor mais lento na zona de passagem do bastão. Numa linha de produção prefere-se o método de revezamento usado em corridas de revezamento. Para aperfeiçoar a eficiência da linha, o supervisor precisa estabelecer uma zona de passagem do bastão onde os operários têm chance de auxiliar o trabalho uns dos outros.

Notas

Capítulo 1

1. Para uma estatística comparada entre os fabricantes de automóveis americanos e japoneses, ver páginas 215-217 em "The Japanese Automobile Industry", de Michael A. Cussomano (The Council on East Asian Studies, Harvard University, distribuído pela Harvard University Press, 1985).

2. Em 1937, a Toyota Motor Company foi fundada por Toyoda Kiichirõ, filho de Toyoda Sakichi, um inventor do tear automático fascinado por veículos a motor e fundador da Toyoda Spinning and Weaving e da Toyoda Automatic Loom. O sobrenome "Toyoda," que significa "campo de arroz abundante," foi mudado para "Toyota" pela divisão automotiva com fins mercadológicos. A palavra é uma leitura alternativa dos dois ideogramas com os quais é escrito o nome da família. [Ibid., 59]

Capítulo 2

1. Maruzen é uma cadeia de livrarias japonesas.

2. Existem três mercados regionais distintos no Japão: Kanto, abrangendo a área de Tóquio; Kansai, na região de Kioto Osaka; e Nagoya, onde se encontra Toyota City. Cada região personifica diferentes qualidades empresariais. [David J. Lu, *Inside Coiporate Japan* (Cambridge, MA: Produtivity Press, 1987), Cap. 1.]

3. O termo "racionalização" é frequentemente usado em textos japoneses para indicar atividades empreendidas para fins de atualização tecnológica, melhora na qualidade e redução de custos. Pode também significar reorganização e integração de uma indústria quando esta estiver comprometida com as atividades acima mencionadas. [Ibid., 227]

Capítulo 3

1. Extraído da revista Factory, anteriormente publicada pela McGraw-Hill e extinta desde 1977.

118 | NOTAS

2. Atribuído ao Professor W. V. Clark, do Massachusetts Institute of Technology, que se encontrou com a equipe de inspeção da Associação de Engenharia Industrial do Japão, fundada pelo Centro de Produtividade do Japão com a finalidade de estudar a engenharia industrial (Engenharia de Produção) americana no início da década de 60. A definição de engenharia de produção atribuída ao Professor Clark não está em suas palavras originais, tendo sido retraduzida para o inglês do japonês.
3. Esta definição de engenharia de produção é uma tradução inglesa de uma tradução japonesa da definição inglesa original. A fonte da definição original em inglês não pôde ser encontrada.

Capítulo 4

1. Toyoda Eiji foi presidente da Toyota Motor Company de 1967 a 1982. Nascido em 1913, era primo de Toyoda Kiichirō e filho do irmão de Toyoda Sakichi.
2. Taka-Diastase é a marca registrada de um composto digestivo desenvolvido pelo doutor Takamine Jōkichi (1854-1922), um químico japonês que trabalhou nos Estados Unidos. Takamine foi também o primeiro a ter sucesso na extração da epinefrina.
3. O doutor Noguchi Hideyo (1876-1928) foi um médico e bacteriologista americano, nascido no Japão, e que trabalhou nos Estados Unidos.
4. Em 1923, um terremoto na região de Tóquio levou o governo municipal a importar milhares de caminhões Modelo T dos Estados Unidos para substituir os sistemas de transporte destruídos e para distribuir suprimentos.[Cusomano, op.cit., 17.]
5. Honda Kotaro foi professor na Tohoku University e especialista em ligas de ferro.
7. A legislação de 1936, instituída pelos militares, exigiu que as empresas que fabricassem mais de 3.000 veículos por ano obtivessem uma licença do governo. Apenas empresas com mais de 50% de suas ações e membros do conselho representados por cidadãos japoneses poderiam receber a licença. [Ibid., 17.]

Capítulo 5

1. Charles E. Sorensen, com Samuel T. Williamson, "My Forty Years with Ford" (New York: W.W. Norton & Company, 1956), 117-118.
2. Today and Tomorow tem estado fora de circulação há décadas. Por causa de seu valor educacional, a Productivity Press[l] publicará uma edição comemorativa em 1988.

3. Henry Ford, Today and Tomorrow (New York: Doubleday and Company, 1926), 90-92.
4. Ibid., 78.
5. Ibid., 79.
6. Ibid., 192.
7. Enquanto Ford produzia sempre só um tipo de carro, em 1923, a General Motors começou a oferecer diversos tipos de carros com mudanças anuais nos modelos. [Cusumano, op. cit. 270].
8. Ford, op. cit., 55-56.
9. Ibid., 56-57.
10. Ibid., 4-6.

Sobre o autor

TAIICHI OHNO nasceu em Dairen (Port Arthur), Manchuria, China, em fevereiro de 1912. Em 1932, após formar-se no departamento de Engenharia Mecânica, na Nagoya Technical High School, entrou para a Toyoda Spinning and Weaving. Em 1943, foi transferido para a Toyota Motor Company onde foi nomeado diretor da loja de máquinas em 1949. Em 1954, tornou-se diretor da Toyota, diretor-gerente em 1964, diretor-gerente sênior em 1970, e vice--presidente executivo em 1975. Embora tenha se aposentado da Toyota em 1978, o Sr. Ohno continua a ser o presidente da Toyoda Spinning and Weaving. Ele reside em Toyota-shi, Aichi-ken.

Este livro apareceu primeiro no Japão, em maio de 1978 e alcançou sua vigésima edição em fevereiro de 1980. A edição "Produtivity Press", de 1988, é a primeira publicada para os leitores de língua inglesa.

Nota sobre os nomes japoneses

No Japão, o sobrenome aparece primeiro. Assim, o famoso inventor do Sistema Toyota de Produção é reconhecido no Japão como Õhno Taiichi, e não Taiich Ohno, como é usualmente escrito no ocidente. Nos livros da Productivity Press, nós tentamos seguir a prática japonesa de colocar o sobrenome primeiro, em parte para uniformizar a representação dos nomes japoneses, mas principalmente por cortesia. O leitor, portanto, vai encontrar membros da família Toyoda sendo referidos como Toyoda Sakichi, Toyoda Kiichiro, Toyoda Eiji, e assim por diante. Entretanto, quando uma pessoa, como Taiichi Ohno, é referida em outras publicações ocidentais e na mídia da forma ocidental, referimos-nos a ela da mesma forma.

Também, quando os caracteres japoneses são romamizados, um traço é colocado sobre uma vogal longa em todos as palavras japonesas, exceto naquelas para lugares muito conhecidos (Kyoto, Tóquio), palavras que entraram para o inglês (shogun, daimyo) e nomes de pessoas nos quais costumeiramente o traço é substituido por um h (Ohno, e não Õno).

Índice

A

Aço MK, 80-81
Ajuste fino, 47-48
  Ver também Produção, ajuste fino
Andon (o quadro de indicação de parada da linha), 18-19, 107-115
Aumento aparente de eficiência
  Ver Eficiência
Autonomação, 5-8, 41-42
  característica extraordinária da, 69-70
  controle visual, 6-8
  definição de, 5-6, 107-115
  dispositivos de segurança das máquinas, 5-6
  função dual da, 6-8
  melhoria do equipamento, 60-61
  Ver também Sistema Toyota de Produção

B

Baka-yoke (à prova de erros), 5-6, 107-115
Balanceamento da produção, 9-12, 23-25, 28-30, 32-33, 107-115
  desafio ao, 32-35
  e divisão do marketing 33-36

C

Caminhões, demanda por, 9-11
Capacidade
  atual, fórmula para a, 16-17
  da linha, 16-17
  geração de excesso, 50-52
Capital de giro, trabalhando dentro dos limites do, 58-59
Carinas, 85-86
CIM *(Computer Integrated Manufacturing –* Manufatura com Integração da Informática), ix
Cinco *por quês*, 15-16, 69-70, 107-115 exemplo, 15-16
Competição
  com os Estados Unidos e Europa, ix
  dentro do Japão, 20-21
  selvagem, legislação para preveni-la, 76-77

Compreensão como chave ao tratamento de um objetivo, 51-53
Contrapesos, cinco tipos de, 37-39
Contratação, 17-18
Corolla, o carro de maior produção em massa do mundo, 34-36, 62-63
Coronas, 85-86, 102-103
CQ (Controle de Qualidade)
  Ver Técnicas de gerenciamento
Crescimento econômico (da indústria japonesa)
  crescimento lento, 2, 7-9, 65-66, 99-100, 103-104
  período de, 1-2
Crescimento zero, 101
Crise do petróleo, 1973, 1-2
Custo
  automóvel, redução, 2
  da capacidade excedente, 50-52
  de mão de obra, 9
  princípio de, 6-8
  redução de, 6-9, 47-49, 55-56, 68-69
Custo da mão de obra, 9

D

Depreciação
  Ver Equipamento, valor do antigo
Depressão econômica (de 1929), 67-68
Desenvolvimento futuro, 41-42, 66
Design de máquina, inicial, 71-72
Diversificação do mercado
  Ver Balanceamento da produção
Duplicação da renda, 99-100

E

Economia de mão de obra, 60-61, 107-115
Economia de trabalhador (utilizando menos trabalhadores), 60-61, 101-102
Economia real, 47-50
Eficiência
  aumento aparente da, 55
  da produção, 6-8, 11-13, 16-17
  elevação da, duas maneiras, 55-56

Ver Eficiência real
Ver também, Redução real de custo
Eficiência real, 95-96
Eliminação da perda
   Ver Perda
Eliminação da perda por trabalho que não
 agrega valor
   Ver Perdas
Energia humana
   excesso de, 17-18
   redução da, 16-17, 47-49, 52-54, 60-61,
   100-101
Engenharia de método (ME), 63-64
Engenharia de produção (EP),
   em defesa do lucro, 63-65, 107-119
Equipamento, valor do antigo, 56-59
Escrevendo a planilha-padrão de trabalho, 18-21
Estatística comparativa
   entre fabricantes de automóveis japoneses e
   americanos, 117
Estoque
   faltas, 49-51
   problemas com a manutenção do excesso de,
   12-13
     Ver também Perdas
   sistema de redução
     Ver Just-in-time
Estoque padrão, 19-21, 107-115
Estoque zero
   Criador do *Just-in-time*
   Elogios a Taiichi Ohno
   Ver Just-in-time
Expandindo a produção de forma uniformizada
   Ver Balanceamento da produção

F

Fábrica japonesa, ix
Fabricação unitária, 54
Fluxo de produção
   estabelecendo um, 9-11
   reorganizando as máquinas, 11-13
Ford, Henry
   criador do sistema de produção do
   automóvel, 83-84
   foco na eliminação total da perda, ix
   Hoje e Amanhã, 86-91, 93-96, 117-119
   opinião sobre padrões, 88-89
   previsão de, 86-88
Função de gerenciamento, entendendo a, 52-53
Fundação Ford, 91

G

General Motors (GM)
   estratégias únicas, 92-93
   Meus anos com a General Motors 91-92

Grupo Toyoda, 28-30
Guerra coreana, 9-10

H

Habilidades individuais, 6-7

I

Indústria automobilística no Japão
   comparada aos Estados Unidos, 2-3
   dificuldades no desenvolvimento da, 74-75
   fluxo de produção, 3-5
   história da, 68-69
   linha de montagem, 44-45
   manufatura,
     principal problema na, 72-73
   número de processos envolvidos, 2-4

J

Japão
   bens, função na compra e venda de, 78-81
   crescimento econômico
     Ver Crescimento econômico (da indústria
     japonesa)
   economia, 1-2
   estilo de produção no
     Ver Produção, estilo japonês de
   forças de trabalho, proporção entre as
   americanas e as japonesas, 2-3
   gerenciamento, ix
   indústria, ilusão da, 7-9
   indústria automobilística
     crescimento negativo atravessado por,
     65-66
   indústria automobilística no período do
   pós-guerra, ix, 7-9
   indústria realiza a transição da produção de
   massa, 105
   métodos tradicionais de merchandising,
   22-24
   nomes, uma observação a respeito, xix
   o que é, 23-27
   operador com múltiplas habilidades, 11-13
   produtividade, 2-3
   sindicatos, 11-13
Jidoka, ix
JIT
   Ver Just-in-time
Just-in-time,
   caráter extraordinário do, 69-70
   como sistema ideal, 28-29
   definição, ix, 2-4, 24-27, 107-115
   produção utilizando o, 2-4
   Sistema Toyota de Produção, ix
     Ver também Kanban; Perdas

K

Kanban (etiqueta), ix
acelera melhorias, 34-38
amostra c:c, 23-25
características importantes do, 46-48
carros de transporte como, 36-39
como uma forma de administrar o Sistema
Toyota de Produção
Ver Sistema Toyota de Produção
controle visual levou à ideia do, 16
definição, xix, 3-6, 107-115
funções do, 26-28
ideia de supermercado, 22-27
natureza elástica do, 37-39
primeira regra do, 26-28
quarta regra do, 35-37
quinta regra do, 35-37
regras para utilização do, 26-28
segunda regra do, (31-34)
sexta regra do, 35-37
terceira regra do, 34-37
utilizando a autoridade para estimular o,
30-33
Ver também Just-in-time

M

Magneto NKS, 80-81
Manufatura com Integração da Informática
Ver CIM (Computer Integrated Manufacturing)
Máquinas
aplicação de inteligência humana às, 69
de alto desempenho, 56-57
de manufatura, 73-74
escolha das, 74
perfeitamente autonomatizadas, 101
Máquinas de alto desempenho, 56-57
Método de empurrar, x
definição, xix
Método de puxar, x
definição, xix
Modelo T
em oposição à política de linha completa da
General Motors, 92-93
Ver também General Motors, estratégicas
únicas
produzido em massa, 91-92
Ver também Produção em massa
Mokeru
Ver Engenharia de produção, em defesa do
lucro
Montagem, linha final de, 3-5, 29-31, 36-38
Movimento do trabalhador, 52-53, 107-115
Ver também Trabalho que agrega valor
Muda (perda), 35-37
Ver também Perdas

Mura (inconsistência), 35-37
Muri (irracionalidade), 35-37
"Campanha de Assistência Mútua", 22-24

N

Ninjutsu, gerenciamento –)c 61-63
Números necessários, 55, 107-115

O

Ohno, Sr. Taiichi, ix
fomentador do Sistema Toyota de Produção, xx
Ver também Sistema Toyota de Produção
sobre o autor, 107-115
Organização da empresa,
reflexos, 42-43

P

Padrões, estabelecendo você mesmo, 87-89
Peguentos lotes
Ver Tamanhos de lotes, pequenos, e setups
rápidos
Perdas
análise completa das, 16-18
"Aprendendo a partir da Perda", 86-88
Ver também Ford, Henry, *Hoje e Amanhã*
base do Sistema Toyota de Produção, 84-85
linha de tempo, reduzindo as, ix
movimento dos trabalhadores, 51-52
primárias e secundárias, 48-52
reconhecimento e eliminação das, 107-115
reexame dos erros das, 48-51
Ver também Sistema Toyota de Produção
Perdas por trabalhos que não agregam valor *Ver*
Perdas
Períodos de baixo crescimento, 59-60
aumentando a produtividade durante, 101-103
sobrevivendo aos, 99-100, 103-104
Planilha de trabalho padrão, 18-21, 107-115
Ver também Controle visual
Planta de Koromo, 9-10
Política de linha total, 92-93
Ver também General Motors, estratégias
únicas
Por quê, perguntando cinco vezes
Ver Cinco *Por quês*
Preço do automóvel, econômico, 76-78
Ver também Produtos, valor de fabricação de,
Princípio (meu) da planta em primeiro lugar,
17-19
Problemas, descobrindo a raiz, 15-16
Ver também Por quê, perguntando cinco vezes
Produção
ajustes finos da, 46-48
escala, eliminação da, 27-28

ÍNDICE

escalas mensais, 43-44
estilo japonês, 74-76
gerenciamento, 2-4
planta, 17-18
significado da linha forte de, 91, 107-115
Produção Dekansho, 9-11
Produção em massa
aprendendo os métodos japoneses de
produção dos Estados Unidos, 81
menos eficiente que o Sistema Toyota de
Produção
Ver Sistema Toyota de Produção planejada,
9
princípio Ga (curva de Maxcy-Silberston), 2
Ver também Sistema americano de produção;
Sistema Ford
Produtos, valor de produção, 74-76, 78-80
Produtos sem defeitos, 35-37, 73-74

Q

Quadro de indicação de parada da linha
Ver Andon
Quantidade requerida por dia, 19-20

R

Racionalização, 117
Redução de energia humana
Ver Energia humana, redução
Robótica, ix

S

Segunda Guerra Mundial, pós (implementação
do Sistema Toyota de Produção, ix, 1-2
Segurança no trabalho
Ver Autonomação
Setup, pequenos lotes, 84-87
Setup rápido
Ver Setup, pequenos lotes
Sistema (zona) de passagem de bastão, 107-115
Área de trabalho
Ver também "Campanha de Assistência
Mútua";
Sistema de controle visual, 107-115
Ver também Planilhas-padrão de trabalho
Sistema de informação,
como funciona, 44-45
estilo Toyota, 43-47
Sistema de produção
americano de massa convencional, 1-2
Toyota
Ver Sistema Toyota de Produção
Ver também Just-in-time método de "puxar";
método de "empurrar"; Sistema Toyota de
Produção

Sistema de trabalho total, 54
Sistema Ford
a verdadeira intenção do, 83-84, 96-97
chave ao, 84-85
comparado ao Sistema Toyota, 83-85
diferença entre, e Toyota, 84-85
evolução do, 83-84, 91-92
fluxo de produção, o que a Toyota aprendeu,
91-92
Ver também produção em massa; Fluxo de
produção
Meus Quarenta Anos com Ford (história)
Ver Sorensen, Charles
símbolo da produção em massa, 83-84
Ver também Produção em massa
Sistema operacional multiprocessos, 107-115
Sistema Toyota de Produção
autonomação, 5-7, 22-24
base científica do, 16
colocando fluxo no, 107-115
concepção e implementação do, ix, 7-9
controle visual
Ver Planilha-padrão de trabalho
eliminação do conceito de perda, x, 22-24
enfatizando a necessidade de prevenção no
processo de produção, 90-91
evolução do, ix, 15-16, 38-39
genealogia do, 67-68, 81
mais eficiente que a produção em massa, 32-33
método de puxar, uso do
Ver Método de puxar
mudança do sistema antigo, 9-13
objetivo do, ix
Ver também Just-in-time Kanban como o
método de produção
Ver Kanban
Sistemas à prova de erros
Ver Baka-yoke
Sloan, Alfred P. Jr.
Ver General Motors,
Meus Anos com a General Motors
Sociedade para o Avanço do Gerenciamento
(SAM – Society for Advancement of
Management), 64-65
Sociedade Taylor, 64-65
Sorensen, Charles E.
Meus Quarenta Anos com Ford, 83-84, 86-87,
117-119
Suavização da carga
Ver Balanceamento da produção
Substituir máquinas velhas, decisão de
Ver Equipamento, valor do antigo
Superprodução, 37-39, 53-56, 59-60, 95-96
Ver também Energia humana, redução da
Supervisor de campo, 19-20

T

Taka-Diăstase, 78-80
Tamanhos de lote
  aumento, 2
  pequenos, e rápidos setup, 84-87, 107-115
  redução, 50-52
    Ver também Balanceamento da produção
Taxa operacional, 54, 107-115
Taxa operável, 54, 107-115
Teares automáticos, como são conectados com o automóvel, 78-80
Técnicas de gerenciamento
  controle da qualidade (CQ),2-3
  controle da qualidade total (TQC), 2-3
  engenharia de produção (EP), 2-3
Tecnologia americana
  atualização das técnicas, 2-3
  forças de trabalho, proporção entre as japonesas e as americanas, 2-3
  operador com uma única habilidade, 11-13
  sistema de produção, 1-2
Tempo de ciclo, 19-20, 107-115
Tempo operável, 54
Toyoda
  Eiji, atual presidente, 67-68, 117-119
  Kiichiro, primeiro presidente, ix, 71-72, 81, 117
  Sakichi, fundador e inventor, ix, 76-77, 81
Toyota Motor Company
  as metas na fundação da, 78-80
    Ver também Toyoda, Sakichi
  atual presidente
    Ver Toyoda, Eiji
  demandas do mercado, ajudando a satisfazer, 93-94
  exibição do carro modelo (1935), 70-71
  fundador da
    Ver Toyoda, Sakichi
  lucros em 1975-1977, 1-2
  operação de escala total,
    início da, 70-71
pilares da
  Ver Autonomação;
  Just-in-time
primeiro presidente da
  Ver Toyoda, Kiichiro
processo melhorado,
  onde estão no, ix
valor da empresa, 103-104
Toyotaísmo, condições estabelecidas para, 71-74
TQC (Controle da Qualidade Total)
  Ver Técnicas de gerenciamento
Trabalho
  cenário, 22-24
  distribuição, 107-115
  estoque intermediário, ix
    Ver também estoque-padrão
  fluxo, diferença entre Ford e Toyota, 20-21, 84-85, 107-115
  procedimento de combinação, 19-20
    Ver também Planilha-padrão de trabalho
  Ver também Valor não agregado; valor agregado
Trabalho em equipe, 6-8, 20-23
Trabalho que agrega valor, 51-53
  proporção de, 52-54
    Ver também Redução da energia humana
Trabalhos que não agregam valor, 51-52
Trocas de matrizes, 33-35
Trocas rápidas de ferramentas, 85-86

V

Valor declarado
  Ver Equipamento, valor do antigo
Valor residual
  Ver Equipamento, valor do antigo
Volvo, como exemplo de montagem de motor com uma única pessoa, 84

1945

JUST-IN-TIME

1949 ▶
Abolidos os depósitos intermediários

1958 ▶
Abolidos os
recibos de retirada
do depósito

1950 ▶
Linhas de montagem e
usinagem sincronizadas

1955 ▶
Plantas de montagem
e do corpo ligadas

1948 ▶
Retirada pelo processo subsequente
(transporte "contra a corrente")

1953 ▶
Sistema de supermercado
na fábrica

1955 ▶
Adotado o sistema de quantidades
necessárias para peças supridas

HISTÓRIA
DO
SISTEMA
TOYOTA
DE
PRODUÇÃO

1953 ▶
Sistema de pedido
para a fábrica

1955 ▶
Sistema aquoso circunscrito
(pequena carga/transporte misto)

1945 - 55 ▶
Troca de ferramentas (2 a 3 horas)

1957 ▶
Adotado o painel de
procedimento (*andon*)

1947 ▶
Reposicionamento das
máquinas (*layout* em
paralelo ou em L)

1949 - 50 ▶
Reposicionamento de 3 ou 4 máquinas
(*layout* em ferradura ou retangular)

Início da separação do trabalho do homem e da máquina

1950 ▶
Controle visual,
sistema *andon* adotado
na montagem do motor

1955 ▶
Sistema de produção da linha de montagem da
planta principal (*andon*, parada da linha, carga mista)
(automação → autonomação)

AUTONOMAÇÃO

1945

———————————————————————————— **1975**

1961 ▸ ————— (Terminou em fracasso)
Kanban de caixa

1962 ▸ ————————————
Kanban adotado em toda a empresa
(usinagem, forjaria, montagem do corpo, etc.)

1961 ▸ ————————————— **1965** ▸
Sistema de cartões azuis e vermelhos   Adoção do *Kanban* para comandar
para comandar peças de fora   peças de fora; sistema de suprimento 100%;
    Sistema Toyota começa a ser ensinado a afiliadas

1959 ▸ ———————————————————— **1973** ▸
Sistema de transferência (entra → entra ou entra → sai)   Sistema de transferência
    (sai → entra)

1962 ▸ ———————————————— **1971** ▸
Troca de ferramentas na fábrica   Troca de ferramentas na
principal (15 minutos)   fábrica principal e na
    Motomachi (3 minutos)

1963 ▸ ———————————— **1971** ▸ ————
Uso do escritor interno; adoção do   Sistema de indicação
sistema autonomatizado de seleção   do corpo (linha
de peças; adoção do sistema indicador   Motomachi Crown Line)
de informação

1963 ▸
Operação mutiprocesso

1962 ▸ ———————————— **1966** ▸
Controle total das máquinas,   Primeira linha autonomatizada,
máquinas com *baka-yoke*   fábrica de Kamigō

1961 ▸ ————————— **1971** ▸ ————
Andon instalado na planta de montagem Motomachi   Sistema de parada, de
    posição fixa, na montagem

1953 ▸   N I V E L A M E N T O   D A   P R O D U Ç Ã O

———————————————————————————— **1975**